煤矿其他从业人员安全培训数字化创新教材

煤矿从业人员安全再培训教材

——"七新"知识与必知必会必禁知识问答

（2025 版）

全国煤矿安全培训教材建设专家委员会　**组织编写**

马胜银　王丙成　时均龙　**主编**

中国矿业大学出版社

·徐州·

内 容 提 要

本书是按照《安全生产法》、《安全生产培训管理办法》和《煤矿安全培训规定》的要求，根据煤矿安全生产的特点和煤矿从业人员安全再培训及复工复产培训的需求而编写的。内容共分三篇：第一篇是安全生产理念与“七新”知识，第二篇是煤矿从业人员必知必会必禁知识，第三篇是煤矿典型事故案例分析。

本书是煤矿从业人员安全再培训及复工复产培训教材，也可供煤矿企业管理人员、工程技术人员和相关人员学习和参考。

图书在版编目(CIP)数据

煤矿从业人员安全再培训教材：“七新”知识与必知必会必禁知识问答 / 马胜银，王丙成，时均龙主编.—徐州：中国矿业大学出版社，2024.2(2025.11 重印)

ISBN 978-7-5646-6152-6

Ⅰ.①煤… Ⅱ.①马… ②王… ③时… Ⅲ.①煤矿—安全生产—安全培训—教材 Ⅳ.①TD7

中国国家版本馆 CIP 数据核字(2024)第 023512 号

书　　名　煤矿从业人员安全再培训教材
　　　　　　——“七新”知识与必知必会必禁知识问答
主　　编　马胜银　王丙成　时均龙
责任编辑　吴学兵　李　敬
出版发行　中国矿业大学出版社有限责任公司
　　　　　　(江苏省徐州市解放南路　邮编 221008)
营销热线　(0516)83885370　83884103
出版服务　(0516)83885312　83884920
网　　址　http://www.cumtp.com　**E-mail**:cumtpvip@cumtp.com
印　　刷　苏州市古得堡数码印刷有限公司
开　　本　880 mm×1240 mm　1/32　**印张** 8.75　**插页** 8　**字数** 276 千字
版次印次　2024 年 2 月第 1 版　2025 年 11 月第 4 次印刷
定　　价　29.00 元

写给矿工爸爸的一封信

亲爱的爸爸：

在我心中，您就像大山一样，给我和妈妈依靠，虽然您是一名矿工，但是您是咱们全家人的避风港，是我的骄傲。

从小时候我记事时起，我就看到每次您出门上班，妈妈都会说："工作小心点，注意安全啊！"有一次我就问妈妈："怎么爸爸每天上班你都得说这句话呀？"妈妈告诉我："你爸爸就是咱家的'天'啊，他要是有个好歹，咱家的'天'就塌了，咱这个家可就完了。"

对待工作，您总是那么认真。看着满抽屉的奖状、证书，我真的很骄傲，您为我树立了一个好榜样。有时候，您什么时候离家去上班的我也不知道，大多数时候，我还在熟睡的时候您就走了。以前，我们在大陆住还没有搬到兴安台时，您更辛苦，上早班凌晨3点天没亮就起床，做好我和妈妈的饭，然后再骑着自行车上班。

经常听新闻里说，对于煤矿，安全生产是最重要的，我也渐渐明白了这一点。记得有一次看新闻不知是哪个煤矿发生一起事故，有个伯伯离开了人间，他家阿姨和那个哥哥痛哭的样子，让我怎么也忘不了。爸爸，我跟妈妈不奢求有多少钱，只要全家人平平安安生活在一起就够了。爸爸，您可知道？您一个人在井下，我跟妈妈都很担心！

记得有次你们单位工作忙，临时加班，您彻夜未归。妈妈陪我睡下后，便在台灯下给您缝工作服。每逢外面有什么声响，妈妈就会开门看看是不是您回来了。那时候家里还没有手机，无法与您取得联系。到了很晚很晚，我迷迷糊糊地看着妈妈不再缝工作服，而是坐在那里盯着咱家表一直看。天快亮了，妈妈坐不住了，她披了一件外衣就出门了。我也穿上衣服悄悄地跟在后面，妈妈根本没有注意到我。当时外面还下着毛毛雨，路不好走，妈妈几次都差点摔倒。就在离您工作的地方还有几分钟路程的时候，对面走来一个人。妈妈站住了，那是爸爸吗？我躲在后面偷偷想。那个人终于到了妈妈跟前，果然是爸爸，妈妈一下子扑到您怀中，您紧紧地搂住妈妈，我也冲了上去，抱住了您，那时候我感觉到，只要是一家人好好在一起就是幸福的。

亲爱的爸爸，听说满足孩子一个愿望，大人就会集一份平安。我和妈妈的愿望很简单：希望您认真学习安全知识，在井下工作时刻注意安全，希望您能高高兴兴上班，平平安安回家，因为您的平安就是咱们全家的幸福，我和妈妈每天都等着您平安回家。我爱我们的家，爱您和妈妈。

祝爸爸身体健康！工作顺利！平平安安！

爱您的女儿：果果

《煤矿从业人员安全再培训教材》
编写委员会

主　　编　马胜银　王丙成　时均龙

副 主 编　王宏飞　王瑞涛　田利红　白彦明　胡伟涛
张尚武　黄文明　仝耀军　李　辉　刘祥龙
赫祥林　邢慧欣　杨　杨　胡宝伟　陈江红
张一伟　谢春飞　赵忠义

参　　编　（按姓氏拼音排序）
鲍福成　陈晓军　崔迎彬　崔宗厅　付晓光
宫智君　郭　朋　郝聪聪　贺志斌　胡晓波
季明忠　李　宁　李江伟　刘　磊　刘建平
刘鹏印　刘文斌　刘泽鹏　马云霞　宋向前
孙荣俊　孙振国　唐　磊　田　倩　田海滨
王　敬　王　琪　王士海　王书舟　王伟佳
王医林　魏　宁　张春友　张俊培　张兰兰
张亚萍　张智广　赵方清　赵童辉　朱　超

绘　　画　王丙成

数字资源学习方法

一、数字视频观看方法

用微信扫书中二维码,即可观看对应视频。

二、题库软件使用方法

微信扫码关注"中国矿业大学出版社煤炭知识服务"微信公众号,点击右下角"在线学习"—"在线考试",微信授权进入"煤矿安培考试"小程序。"自测练习"模块可顺序练习,"模拟考试"模块可进行模拟考试,"我的错题"模块可查看错题,进入相应模块后,点击"请选择题库",左侧一栏向上翻,选择"其他从业人员"—"再培训 2025",点击"确定"开始学习。

公众号中回复"考试题库",弹出的文章中第一篇有题库软件使用方法,可供参考。

中国矿业大学出版社煤炭知识服务

前　言

《安全生产培训管理办法》《煤矿安全培训规定》规定，煤矿从业人员每年要进行不少于20学时的再培训，同时，《职业病防治法》《国家卫生健康委关于进一步加强用人单位职业健康培训工作的通知》(国卫办职健函〔2022〕441号)规定，接触职业病危害因素的从业人员在岗期间每年必须接受职业健康培训，煤矿复工复产必须进行安全生产教育和培训。按照国家法律法规规定和相关要求，在深入调研和广泛征求煤矿企业从业人员安全再培训和复工复产培训意见的基础上，本着针对性、实用性的要求，结合煤矿安全生产实际，我们组织编写了《煤矿从业人员安全再培训教材——“七新”知识与必知必会必禁知识问答》，以满足煤矿企业从业人员安全再培训的需求。

本教材内容分为3篇19个模块，内容包括：习近平总书记关于安全生产重要论述，包括“六大要点”“十句硬话”等方面的知识(1个模块)；“七新”安全知识，包括安全生产有关的新法律法规、规范性文件，新标准、新规程，煤矿新技术、煤矿新设备、煤矿新工艺、煤矿新材料(6个模块)。煤矿从业人员必知必会必禁知识，包括煤矿井下常见“三违”行为及其防治、煤矿作业场所隐患识别与处置、职业健康安全与工伤预防、煤矿事故紧急避险与自救互救(4个模块)。煤矿典型事故案例分析，包括近年来发生的瓦斯、顶板、火灾、冲击地压、水灾、煤尘爆炸、机电、运输等典型事故案例分析(8个模块)。

本教材主要有以下特点：

(1) 教材针对煤矿企业从业人员安全再培训和复工复产培训工作的实际需要，突出煤矿从业人员安全知识更新及安全素质提升，内容全面、丰富、实用。

(2) 与时俱进，突出一个“新”字，对最近几年国家颁布实施的一系列安全生产有关的新法律法规、新标准、新规程加以归纳提炼总结，对最近几年煤矿企业推广应用的新技术、新设备、新工艺和新材料有重点地加以阐述介绍，以适应煤矿从业人员安全知识更新需求。选取的14起煤矿典型事故案例均是近几年发生的，更具时效性和警示教育性。

(3) 除规定的“七新”知识外，增加了必知必会必禁知识和典型事故案例分析(每个案例增加“三违”行为原因分析、防范措施，以及答题挑战环节)，通过本教材的系统学习培训，使从业人员的安全生产知识得到及时更新，安全意识和安全风险辨识能力得到不断增强，安全操作技能得到不断提升，并通过典型事故案例的警示教育，让从业人员始终绷紧安全生产这根弦。各安全生产培训机构和煤矿企业可以结合本单位安全生产实际及所培训岗位工种进行相关内容的选学。

(4) 本教材编写采用问答形式，简明扼要地解答职工在安全生产中的疑惑，并让职工看得懂、学得会、记得住。各知识点采用模块化系统组合，将3篇内容化解为若干个知识模块，有总有分，结构清晰，层次分明，系统科学。每个知识模块均设置有学习提示，指出本模块的重点内容和学习意义。

(5) 第一篇、第二篇每个模块后都附有一定数量且与教材内容对应的复习思考题及自测题（题型有判断题、单选题和多选题），第三篇事故案例有答题挑战内容，便于学员自我检验学习效果和培训部门考核使用。

(6) 本教材重难点知识配有实操视频讲解，读者可用手机微信扫码观看。

本教材中法律名称均省去“中华人民共和国”，用简称。

本书是煤矿企业从业人员安全再培训和复工复产培训优选教材，也可供煤矿企业管理人员、工程技术人员和相关人员学习、参考。

本教材配套有考试题库软件，请关注“中国矿业大学出版社煤炭知识服务”微信公众号进行学习。本教材配套有 PPT 课件，请加 QQ 群（群号 708756397）或加微信 xuebwu 联系（只限安全生产培训机构教师）。

由于编者水平所限，书中难免有疏漏之处，敬请广大读者批评指正。

全国煤矿安全培训教材建设专家委员会

2024 年 12 月

目　录

第一篇　安全生产理念与"七新"知识

第二篇　煤矿从业人员必知必会必禁知识

第三篇　煤矿典型事故案例分析

第　一　篇

安全生产理念与“七新”知识

模块一　习近平总书记关于安全生产重要论述

【学习提示】

为什么要深入学习贯彻习近平总书记关于安全生产重要论述？首先，习近平总书记关于安全生产的重要指示批示精神，催人警醒，意义深远，充分体现了党和国家对保障人民生命安全的高度重视，深刻阐明了安全生产工作的极端重要性，为安全生产指明了方向，提出了明确要求，必须引起高度重视。其次，全面准确把握其精神实质、核心要义和根本要求，牢固树立发展决不能以牺牲安全为代价的红线意识，切实把学习成果转化为安全生产的实际成效，引导从业人员深刻认识安全生产就是保生命、保健康、保幸福，进一步营造安全生产人人有责、安全生产从我做起的良好氛围。最后，学深悟透习近平总书记关于安全生产的重要论述，深刻理解立足新发展阶段、贯彻新发展理念、构建新发展格局对安全生产提出的新要求，坚持人民至上、生命至上，统筹好发展和安全两件大事，实现更高质量、更为安全的发展。

因此，我们要深入贯彻落实习近平总书记关于安全生产的一系列重要指示精神，提高政治站位，在安全生产管理工作中注重以人为本，坚持人民至上、生命至上，把保护人民生命安全摆在首位，树牢安全发展理念与安全生产红线意识，坚持“安全第一、预防为主、综合治理”的方针，切实落实煤炭企业的主体责任和本职岗位的安全生产职责，狠抓管理创新与技术创新、依法治理、基础建设、专项整治等重点工作，从源头上防范化解重大安全风险，有效遏制生产安全事故，促进本企业、本地区安全生产形势持续稳定向好。

1. 习近平总书记关于安全生产重要论述的“六大要点”是什么？

答：(1) 强化红线意识，实施安全发展战略。

(2) 抓紧建立健全安全生产责任体系。

（3）强化企业主体责任落实。

（4）加快安全监管方面改革创新。

（5）全面构建长效机制。

（6）领导干部要敢于担当。

2. 习近平总书记关于安全生产重要论述的“十句硬话”是什么？

答：（1）人命关天，发展决不能以牺牲人的生命为代价。这必须作为一条不可逾越的红线。

（2）落实安全生产责任制，要落实行业主管部门直接监管、安全监督部门综合监管、地方政府属地监管，坚持管行业必须管安全，管业务必须管安全，管生产必须管安全，而且要党政同责、一岗双责、齐抓共管。

（3）当干部不要当得那么潇洒，要经常临事而惧，这是一种负责任的态度。要经常有睡不着觉、半夜惊醒的情况，当官当得太潇洒，准要出事。

（4）对责任单位和责任人要打到疼处、痛处，让他们真正痛定思痛、痛改前非，有效防止悲剧重演。造成重大损失，如果责任人照样拿高薪，拿高额奖金，还分红，那是不合理的。

（5）安全生产必须警钟长鸣、常抓不懈，丝毫放松不得，否则就会给国家和人民带来不可挽回的损失。

（6）必须建立健全安全生产责任体系，强化企业主体责任，深化安全生产大检查，认真吸取教训，注重举一反三，全面加强安全生产工作。

（7）所有企业都必须认真履行安全生产主体责任，做到安全投入到位、安全培训到位、基础管理到位、应急救援到位，确保安全生产。

（8）安全生产，要坚持防患于未然。要继续开展安全生产大检查，做到“全覆盖、零容忍、严执法、重实效”。要采用不发通知、不打招呼、不听汇报、不用陪同和接待，直奔基层、直插现场，暗查暗访，特别是要深查地下油气管网这样的隐蔽致灾隐患。要加大隐患整改治理力度，建立安全生产检查工作责任制，实行谁检查、谁签字、谁负责，做到不打折扣、不留死角、不走过场，务必见到成效。

（9）要做到“一厂出事故、万厂受教育，一地有隐患、全国受警示”。

（10）血的教训极其深刻，必须牢牢记取。各生产单位要强化安全生产第一意识，落实安全生产主体责任，加强安全生产基础能力建设，坚决遏制重特大安全生产事故发生。

3. 习近平总书记关于安全生产重要论述的"红线意识"是什么？

答：2013年6月3日，吉林省长春市宝源丰禽业有限公司主厂房发生特别重大火灾爆炸事故，造成121人死亡、76人受伤。该事故当时轰动全国，也是目前为止农牧业最严重的安全生产事故。6月6日习近平总书记就做好安全生产工作做出重要指示，他指出：接连发生的重特大安全生产事故，造成重大人员伤亡和财产损失，必须引起高度重视。人命关天，发展决不能以牺牲人的生命为代价。这必须作为一条不可逾越的红线。

2016年7月，习近平总书记对加强安全生产和汛期安全防范工作做出重要指示强调，各级党委和政府特别是领导干部要牢固树立安全生产的观念，正确处理安全和发展的关系，坚持发展决不能以牺牲安全为代价这条红线。

4. 习近平总书记关于"统筹发展和安全"重要指示的内容是什么？

答：在党的十九大报告中，习近平总书记指出，统筹发展和安全，增强忧患意识，做到居安思危，是我们党治国理政的一个重大原则。安全是发展的前提，发展是安全的保障。

5. 习近平总书记关于坚持"两个至上"的内容是什么？

答：坚持"人民至上、生命至上"。"人民至上、生命至上"重要论述，充分彰显了中国共产党没有自己的特殊利益，是只为人民利益而奋斗的政党，彰显了习近平总书记深厚的人民情怀。

6. 习近平总书记关于安全大检查采取"四不两直"方法的内容是什么？

答：要采用不发通知、不打招呼、不听汇报、不用陪同和接待，直奔基层、直插现场，暗查暗访。

7. 习近平总书记关于企业履行安全生产主体责任"四个到位"的内容是什么？

答：所有企业都必须认真履行安全生产主体责任，做到安全投入到位、安全培训到位、基础管理到位、应急救援到位，确保安全生产。

8. 习近平总书记关于安全生产“一票否决”的内容是什么？

答：习近平总书记针对2013年11月22日山东省青岛市输油管线泄漏引发重大爆燃事故做出重要批示，各地区各部门、各类企业都要坚持安全生产高标准、严要求，招商引资、上项目要严把安全生产关，加大安全生产指标考核权重，实行安全生产和重大安全生产事故风险“一票否决”。

9. 习近平总书记关于安全生产“实施生命防护工程”的内容是什么？

答：安全生产是民生大事，一丝一毫不能放松，要以对人民极端负责的精神抓好安全生产工作，站在人民群众的角度想问题，把重大风险隐患当成事故来对待，守土有责，敢于担当，完善体制，严格监管，让人民群众安心放心。

各级党委和政府特别是领导干部要牢固树立安全生产的观念，正确处理安全和发展的关系，坚持发展决不能以牺牲安全为代价这条红线。经济社会发展的每一个项目、每一个环节都要以安全为前提，不能有丝毫疏漏。要严格实行党政领导干部安全生产工作责任制，切实做到失职追责。要把遏制重特大事故作为安全生产整体工作的“牛鼻子”来抓，在煤矿、危化品、道路运输等方面抓紧规划实施一批生命防护工程，积极研发应用一批先进安防技术，切实提高安全发展水平。

10. 习近平总书记提出“构建双重预防机制”的背景是什么？

答：2015年12月24日，习近平总书记在中共中央政治局常委会会议上明确指出：必须坚决遏制重特大事故频发势头。对典型事故，不要处理完了就过去了，要深入研究其规律和特点。对易发重特大事故的行业领域，要采取风险分级管控、隐患排查治理双重预防性工作机制，推动安全生产关口前移。

11. 习近平总书记提出“安全生产是民生大事”的精神实质是什么？

答：安全生产是民生大事，一丝一毫不能放松，要以对人民极端负责的精神抓好安全生产工作，站在人民群众的角度想问题，把重大风险隐患当成事故来对待，守土有责，敢于担当，完善体制，严格监管，让人民群众安心放心。

12. 习近平总书记关于安全生产重要论述还有哪些?

答:(1) 坚持改革、完善制度、依法治安、加强监督、创新发展、科技兴安、源头治理、关口前移。

(2) 落实安全生产责任制，要落实行业主管部门直接监管、安全监管部门综合监管、地方政府属地监管，坚持管行业必须管安全，管业务必须管安全，管生产必须管安全，而且要“党政同责、一岗双责、齐抓共管、失职追责”。

(3) 安全生产要标本兼治、综合治理、系统建设、统筹推进。

(4) 深化安全生产管理体制改革，建立隐患排查治理体系和安全预防控制体系，遏制重特大安全事故。风险分级管控和隐患排查治理是防范化解风险的有效举措，充分体现了风险意识和“超前预防”的治理理念，只有坚持谋划在前、预防在先，做到防患于未然，才能牢牢把握安全生产工作的主动权。

(5) 细化落实各级党委和政府的领导责任、相关部门的监管责任、企业的主体责任。

(6) 强化安全监管部门综合监管责任，严格落实主管部门的行业监管责任、地方党委和政府属地管理责任。

复习思考题

1. 习近平总书记关于安全生产重要论述的“六大要点”是什么？

2. 习近平总书记关于安全生产重要论述的“十句硬话”是什么？

3. 习近平总书记关于安全生产重要论述的“红线意识”是什么？

4. 习近平总书记关于“统筹发展和安全”重要指示的内容是什么？

5. 习近平总书记关于坚持“两个至上”的内容是什么？

6. 习近平总书记关于安全大检查采取“四不两直”方法的内容是什么？

7. 习近平总书记关于企业履行安全生产主体责任“四个到位”的

内容是什么？

8. 习近平总书记关于安全生产“一票否决”的内容是什么？

9. 习近平总书记关于安全生产“实施生命防护工程”的内容是什么？

10. 习近平总书记提出“安全生产是民生大事”的精神实质是什么？

自 测 题

（共 100 分，80 分合格）

得分：________

一、判断题（每题 3 分，共 30 分）

1. 当干部不要当得那么潇洒，要经常临事不惧，这是一种负责任的态度。（ ）

2. 造成重大损失，如果责任人照样拿高薪，拿高额奖金，还分红，那是不合理的。（ ）

3. 安全生产必须警钟长鸣、常抓不懈，丝毫放松不得，否则就会给国家和企业带来不可挽回的损失。（ ）

4. 安全生产，要坚持防患于未然。要继续开展安全生产大检查，做到“全覆盖、零容忍、严执法、重实效”。（ ）

5. 要加大事故整改治理力度，建立安全生产检查工作制度。（ ）

6. 要做到“一厂出事故、万厂受教育，一地有隐患、全市受警示”。（ ）

7. 各生产单位要强化安全生产第一意识，落实安全生产主体责任，加强安全生产基础能力建设，坚决遏制重特大安全生产事故发生。（ ）

8. 各级党委和政府特别是领导干部要牢固树立安全生产的观念，正确处理安全和发展的关系，坚持发展决不能以牺牲经济为代价这条

红线。（　　）

9. 只有坚持谋划在前、预防在先，做到防患于未然，才能牢牢把握安全生产工作的主动权。（　　）

10. 安全是发展的基础，发展是安全的保障。（　　）

二、单选题（每题 3 分，共 30 分）

1. 中国共产党没有自己的特殊利益，是只为人民利益而奋斗的政党，彰显了习近平总书记深厚的人民（　　）。

A. 情意　　B. 关怀　　C. 情怀

2. 各地区各部门、各类企业都要坚持安全生产高标准、严要求，招商引资、上项目要严把安全生产关，加大安全生产指标考核权重，实行安全生产和重大安全生产事故风险（　　）。

A. “挂钩制”　　B. “一票否决”　　C. “双重机制”

3. 站在人民群众的角度想问题，把重大风险隐患当成事故来对待，守土有责，敢于担当，完善体制，严格监管，让人民群众（　　）。

A. 安心放心　　B. 满意　　C. 心里踏实

4. 各级党委和政府特别是领导干部要牢固树立（　　）的观念，正确处理安全和发展的关系，坚持发展决不能以牺牲安全为代价这条红线。

A. 安全发展　　B. 安全　　C. 安全生产

5. 经济社会发展的每一个项目、每一个环节都要以（　　）为前提，不能有丝毫疏漏。

A. 安全　　B. 经济　　C. 发展

6. 要严格实行党政领导干部安全生产工作责任制，切实做到（　　）。

A. 责任追究　　B. 行政处罚　　C. 失职追责

7. 要把遏制重特大事故作为安全生产整体工作的（　　）来抓，在煤矿、危化品、道路运输等方面抓紧规划实施一批生命防护工程，积极研发应用一批先进安防技术，切实提高安全发展水平。

A. “重心”　　B. “牛鼻子”　　C. “定海神针”

8. 对易发(　　)事故的行业领域,要采取风险分级管控、隐患排查治理双重预防性工作机制,推动安全生产关口前移。

A. 重大　　B. 特大　　C. 重特大

9. 风险分级管控和隐患排查治理是防范化解风险的有效举措,充分体现了风险意识和(　　)的治理理念。

A. "超前谋划"　　B. "超前部署"　　C. "超前预防"

10. 对责任单位和责任人要打到疼处、痛处,让他们真正痛定思痛、(　　),有效防止悲剧重演。

A. 痛改前非　　B. 后悔不已　　C. 接受教训

三、多选题(每题 4 分,共 40 分)

1. 落实安全生产责任制,要落实(　　)。

A. 行业主管部门直接监管　　B. 安全监督部门综合监管

C. 企业自律　　D. 地方政府属地监管

2. 坚持管行业必须管安全,管业务必须管安全,管生产必须管安全,而且要(　　)。

A. 党政一责　　B. 党政同责

C. 一岗双责　　D. 齐抓共管

3. 造成重大损失,如果责任人照样(　　),那是不合理的。

A. 拿高薪　　B. 拿绩效

C. 拿高额奖金　　D. 还分红

4. 安全生产必须(　　),丝毫放松不得,否则就会给国家和人民带来不可挽回的损失。

A. 警钟长鸣　　B. 严抓细管

C. 常抓不懈　　D. 全力以赴

5. 安全生产,要坚持防患于未然。要继续开展安全大检查,做到"(　　)"。

A. 全覆盖　　B. 零容忍

C. 严执法　　D. 重实效

6. 要采用(　　),直奔基层、直插现场,暗查暗访,特别是要深查地下油气管网这样的隐蔽致灾隐患。

A. 不发通知　　B. 不打招呼

C. 不听汇报　　D. 不用陪同和接待

7. 要加大隐患整改治理力度，建立安全检查工作责任制，实行（　　），做到不打折扣、不留死角、不走过场，务必见到成效。

A. 谁检查　　B. 谁签字

C. 谁落实　　D. 谁负责

8. 要做到“一厂出事故、（　　），一地有隐患、（　　）”。

A. 大家受教育　　B. 万厂受教育

C. 全国受警示　　D. 人人受警示

9. 安全生产要（　　）。

A. 标本兼治　　B. 综合治理

C. 系统建设　　D. 统筹推进

10. 经济社会发展的（　　）都要以安全为前提，不能有丝毫疏漏。

A. 每一个工程　　B. 每一个项目

C. 每一个环节　　D. 每一个目标

模块二　新法律法规、规范性文件

【学习提示】

我们为什么要学习新法律法规？首先，只有学好新法律法规，才能更好地了解国家新出台或修订的法律法规政策，做到学法、懂法、守法，并不断增强自身法制意识和法律观念，正确地行使和履行安全生产法定权利和义务；其次，只有学好新法律法规，才能正确地运用法律手段，保护自身的合法权益和生命健康安全；最后，只有学好新法律法规，才能做到按法律法规生产作业，抵制和杜绝“三违”行为，做到按章操作、遵章作业。

因此，学好新法律法规能为我们避免自身及他人受到事故伤害提供坚实的法律保障，更会为我们的生命安全和健康，以及企业的安全发展提供坚实的法律后盾。

一、《安全生产法》

1. 2021版《安全生产法》(以下简称“新安法”)于何时修订和施行？

答：“新安法”已由中华人民共和国第十三届全国人民代表大会常务委员会第二十九次会议于2021年6月10日通过，自2021年9月1日起施行。

2. “新安法”修订的总体思路是什么？

答：在总体思路上主要把握以下三点：一是将习近平总书记关于安全生产工作一系列重要指示批示精神和党中央、国务院有关决策部署转化为法律规定，确保落地见效。二是强化企业安全生产主体责任，建立完善安全风险预防控制体系，加大违法处罚力度，提高违法成本，推进依法治理。三是完善政府安全监管体制机制和责任制度，强化基础保障能力，依靠法治力量推进安全生产治理体系和治理能力现代化。

3. “新安法”关于安全生产工作的新发展理念是什么？

答：安全生产工作必须牢固树立新发展理念，坚持安全发展，坚守发展决不能以牺牲安全为代价这条不可逾越的红线。

4. “新安法”提出的安全生产工作实行“三管三必须”的内容是什么？

答：安全生产工作实行管行业必须管安全，管业务必须管安全，管生产经营必须管安全。

5. “新安法”修订的主要内容是什么？

答：一是进一步完善安全生产工作的原则要求；二是进一步强化和落实生产经营单位的主体责任；三是进一步明确地方政府和有关部门的安全生产监督管理职责；四是进一步加大对生产经营单位及其负责人安全生产违法行为的处罚力度。

6. “新安法”对从业人员在安全生产教育和培训方面有何规定？

答：从业人员应当接受安全生产教育和培训，掌握本职工作所需的安全生产知识，提高安全生产技能，增强事故预防和应急处理能力。

7. “新安法”对从业人员发现事故隐患或者其他不安全因素时的处理措施有何规定？

答：从业人员发现事故隐患或者其他不安全因素，应当立即向现场安全生产管理人员或者本单位负责人报告；接到报告的人员应当及时予以处理。

8. 生产经营单位发生生产安全事故后，“新安法”对受到伤害的从业人员有何规定？

答：生产经营单位发生生产安全事故后，应当及时采取措施救治有关人员。因生产安全事故受到损害的从业人员，除依法享有工伤保险外，依照有关民事法律尚有获得赔偿的权利的，有权提出赔偿要求。

9. “新安法”对违反安全生产教育和培训的哪些情形加重了处罚？

答：“新安法”对违反安全生产教育和培训的以下三种违法违规行为加重了处罚：① 未按照规定对从业人员、被派遣劳动者、实习学生进行安全生产教育和培训，或者未按照规定如实告知有关安全生产事项的；② 未如实记录安全生产教育和培训情况的；③ 特种作业人员未按照规定经专门的安全作业培训并取得相应资格，上岗作业的。

10. “安全第一、预防为主、综合治理”安全生产方针的内涵是什么？

答：“安全第一、预防为主、综合治理”是我国安全生产的一贯方针，其内涵我们可以从以下3个方面来理解：

（1）“安全第一”要求从事生产经营活动必须把安全放在首位，不能以牺牲人的生命、健康为代价换取发展和效益。

（2）“预防为主”要求把安全生产工作的重心放在预防上，强化隐患排查治理，打非治违，从源头上控制、预防和减少生产安全事故。

（3）“综合治理”要求运用行政、经济、法治、科技等多种手段，充分发挥社会、职工、舆论监督各个方面的作用，抓好安全生产工作。

11. “新安法”对从业人员在安全生产方面规定了哪些权利？

答：从业人员在安全生产方面的权利主要包括5个方面，分别是：

（1）要求劳动合同载明安全事项的权利。

（2）知情权和建议权。

（3）批评、检举、控告和拒绝违章指挥或者强令冒险作业等权利。

（4）紧急撤离权。

（5）因生产安全事故受到损害的从业人员享有的有关赔偿权利。

12. “新安法”对生产经营单位与从业人员订立的劳动合同有哪些规定？

答：生产经营单位与从业人员订立的劳动合同，应当载明有关保障从业人员劳动安全、防止职业危害的事项，以及依法为从业人员办理工伤保险的事项。

生产经营单位不得以任何形式与从业人员订立协议，免除或者减轻其对从业人员因生产安全事故伤亡依法应承担的责任。

13. “新安法”对从业人员在安全生产方面规定了哪些义务？

答：从业人员在安全生产方面的义务主要包括3个方面，分别是：

（1）从业人员在作业过程中，应当严格遵守本单位的安全生产规章制度和操作规程，服从管理，正确佩戴和使用劳动防护用品。

（2）从业人员应当接受安全生产教育和培训，掌握本职工作所需的安全生产知识，提高安全生产技能，增强事故预防和应急处理能力。

（3）从业人员发现事故隐患或者其他不安全因素，应当立即向现场安全生产管理人员或本单位负责人报告，接到报告的人员应当及时予以处理。

14. “新安法”对生产经营单位的安全生产条件有何规定？

答：生产经营单位应当具备《安全生产法》和有关法律、行政法规，以及国家标准或者行业标准规定的安全生产条件；不具备安全生产条件的，不得从事生产经营活动。

15. “新安法”对生产经营单位建立安全生产教育和培训档案有哪些规定？

答：生产经营单位应当建立安全生产教育和培训档案，如实记录安全生产教育和培训的时间、内容、参加人员以及考核结果等情况。

16. “新安法” 对使用被派遣劳动者有何规定？

答：生产经营单位使用被派遣劳动者的，应当将被派遣劳动者纳入本单位从业人员统一管理，对被派遣劳动者进行岗位安全操作规程和安全操作技能的教育和培训。劳务派遣单位应当对被派遣劳动者进行必要的安全生产教育和培训。

17. 根据“新安法”规定，从业人员发现直接危及人身安全的紧急情况时应如何处置？

答：从业人员发现直接危及人身安全的紧急情况时，有权停止作业或者在采取可能的应急措施后撤离作业场所。

生产经营单位不得因从业人员在上述紧急情况下停止作业或者采取紧急撤离措施而降低其工资、福利等待遇或者解除与其订立的劳动合同。

18. “新安法”对生产经营单位发生生产安全事故后如何处置有何规定？

答：生产经营单位发生生产安全事故后，事故现场有关人员应当立即报告本单位负责人。

单位负责人接到事故报告后，应当迅速采取有效措施，组织抢救，防止事故扩大，减少人员伤亡和财产损失，并按照国家有关规定立即如实报告当地负有安全生产监督管理职责的部门，不得隐瞒不报、谎报或者迟报，不得故意破坏事故现场、毁灭有关证据。

19. “新安法”对生产经营单位的从业人员不落实岗位安全责任，不服从管理，违反安全生产规章制度或者操作规程的行为是怎样处罚的？

答：生产经营单位的从业人员不落实岗位安全责任，不服从管理，违反安全生产规章制度或者操作规程的，由生产经营单位给予批评教育，依照有关规章制度给予处分；构成犯罪的，依照刑法有关规定追究刑事责任。

20. “新安法”对发生生产安全事故，情节特别严重、影响特别恶劣的生产经营单位如何罚款？

答：发生生产安全事故，情节特别严重、影响特别恶劣的，应急管理部门可以按照原罚款数额的 2 倍以上 5 倍以下对负有责任的生产经营单位处以罚款。

二、《刑法修正案(十一)》

21.《刑法修正案(十一)》于何时修订和施行？

答：2020 年 12 月 26 日，第十三届全国人民代表大会常务委员会第二十四次会议通过了《刑法修正案(十一)》，进一步明确规定了有关安全生产的犯罪行为，加大了对事故隐患责任人员的刑事处罚力度，体现了国家惩治安全生产领域违法犯罪的坚定决心。该法自 2021 年 3 月 1 日起施行。

22.《刑法》对在生产、作业中违反有关安全管理的规定，因而发生重大伤亡事故或者造成其他严重后果的行为是怎样处罚的？

答：在生产、作业中违反有关安全管理的规定，因而发生重大伤亡事故或者造成其他严重后果的，处 3 年以下有期徒刑或者拘役；情节特别恶劣的，处 3 年以上 7 年以下有期徒刑。

23.《刑法》对强令他人违章冒险作业，或者明知存在重大事故隐患而不排除，仍冒险组织作业，因而发生重大伤亡事故或者造成其他严重后果的行为是怎样处罚的？

答：强令他人违章冒险作业，或者明知存在重大事故隐患而不排除，仍冒险组织作业，因而发生重大伤亡事故或者造成其他严重后果的，处 5 年以下有期徒刑或者拘役；情节特别恶劣的，处 5 年以上有期徒刑。

24.《刑法》对在生产、作业中违反有关安全管理的规定，有哪些情形之一，具有发生重大伤亡事故或者其他严重后果的现实危险的，处一年以下有期徒刑、拘役或者管制？

答：(1) 关闭、破坏直接关系生产安全的监控、报警、防护、救生设备、设施，或者篡改、隐瞒、销毁其相关数据、信息的。

(2) 因存在重大事故隐患被依法责令停产停业、停止施工、停止使用有关设备、设施、场所或者立即采取排除危险的整改措施，而拒不执行的。

(3) 涉及安全生产的事项未经依法批准或者许可，擅自从事矿山开采、金属冶炼、建筑施工，以及危险物品生产、经营、储存等高度危险的生产作业活动的。

25.《刑法》规定，安全生产设施或者安全生产条件不符合国家规定，因而发生重大伤亡事故或者造成其他严重后果的，对直接负责的主管人员和其他直接责任人员是怎样处罚的？

答：对直接负责的主管人员和其他直接责任人员，处 3 年以下有期徒刑或者拘役；情节特别恶劣的，处 3 年以上 7 年以下有期徒刑。

26.《刑法》规定，在安全事故发生后，负有报告职责的人员不报或者谎报事故情况，贻误事故抢救，情节严重的行为是怎样处罚的？

答：在安全事故发生后，负有报告职责的人员不报或者谎报事故情况，贻误事故抢救，情节严重的，处 3 年以下有期徒刑或者拘役；情节特别严重的，处 3 年以上 7 年以下有期徒刑。

三、《劳动法》

27.《劳动法》的立法目的是什么？

答：《劳动法》是为了保护劳动者的合法权益，调整劳动关系，建立和维护适应社会主义市场经济的劳动制度，促进经济发展和社会进步，依据宪法而制定的。

28.《劳动法》规定，用人单位延长劳动者工作时间应按什么标准支付工资？

答：用人单位不得违反规定延长劳动者的工作时间。有下列情形之一的，用人单位应当按照下列标准支付高于劳动者正常工作时间工资的工资报酬：

（1）安排劳动者延长工作时间的，支付不低于工资的150％的工资报酬。

（2）休息日安排劳动者工作又不能安排补休的，支付不低于工资的200％的工资报酬。

（3）法定休假日安排劳动者工作的，支付不低于工资的300％的工资报酬。

四、《劳动合同法》

29.《劳动合同法》的立法目的是什么？

答：制定《劳动合同法》是为了完善劳动合同制度，明确劳动合同双方当事人的权利和义务，保护劳动者的合法权益，构建和发展和谐稳定的劳动关系。

30.《劳动合同法》规定，订立劳动合同的原则是什么？

答：《劳动合同法》规定，订立劳动合同，应当遵循合法、公平、平等自愿、协商一致、诚实信用的原则。

31.《劳动合同法》规定，劳动合同应当具备哪些条款？

答：劳动合同应当具备以下条款：

（1）用人单位的名称、住所和法定代表人或者主要负责人；

（2）劳动者的姓名、住址和居民身份证或者其他有效身份证件号码；

（3）劳动合同期限；

（4）工作内容和工作地点；

（5）工作时间和休息休假；

（6）劳动报酬；

（7）社会保险；

(8) 劳动保护、劳动条件和职业危害防护；

(9) 法律、法规规定应当纳入劳动合同的其他事项。

32.《劳动合同法》对试用期是怎样规定的?

答:劳动合同期限3个月以上不满1年的,试用期不得超过1个月;劳动合同期限1年以上不满3年的,试用期不得超过2个月;3年以上固定期限和无固定期限的劳动合同,试用期不得超过6个月。劳动者在试用期的工资不得低于本单位相同岗位最低档工资或者劳动合同约定工资的80%,并不得低于用人单位所在地的最低工资标准。

33. 什么样的劳动合同是无效合同?

答:依据规定,下列劳动合同是无效合同:

(1) 以欺诈、胁迫的手段或者乘人之危,使对方在违背真实意思的情况下订立或者变更劳动合同的。

(2) 用人单位免除自己的法定责任、排除劳动者权利的。

(3) 违反法律、行政法规强制性规定的。

无效的劳动合同,从订立的时候起,就没有法律约束力,但确认劳动合同部分无效的,如果不影响其余部分的效力,其余部分仍然有效。

34. 在何种情况下用人单位可以解除劳动合同?

答:依据规定,劳动者有下列情形之一的,用人单位可以解除劳动合同:

(1) 在试用期间被证明不符合录用条件的;

(2) 严重违反劳动纪律或者用人单位规章制度的;

(3) 严重失职、营私舞弊,对用人单位利益造成重大损害的;

(4) 被依法追究刑事责任的。

35. 在什么情况下,用人单位可以有条件地解除劳动合同?

答:有下列情形之一的,用人单位提前30日以书面形式通知劳动者本人或者额外支付劳动者1个月工资后,可以解除劳动合同:

(1) 劳动者患病或者非因工负伤,在规定的医疗期满后不能从事原工作,也不能从事由用人单位另行安排的工作的。

(2) 劳动者不能胜任工作,经过培训或者调整工作岗位,仍不能胜任工作的。

(3) 劳动合同订立时所依据的客观情况发生重大变化,致使劳动合同无法履行,经用人单位与劳动者协商,未能就变更劳动合同内容达成协议的。

五、《矿山安全法》

36.《矿山安全法》的立法目的是什么?

答:制定《矿山安全法》是为了保障矿山生产安全,防止矿山事故,保护矿山职工人身安全,促进采矿业的发展。《矿山安全法》专门适用于煤矿及非煤矿山。

37.《矿山安全法》对从业人员和特种作业人员的安全培训是怎样规定的?

答:《矿山安全法》对从业人员和特种作业人员的安全培训分别规定如下:

(1) 矿山企业必须对职工(从业人员)进行安全教育、培训,未经安全教育、培训的,不得上岗作业。

(2) 矿山企业安全生产特种作业人员必须接受专门培训,经考核

合格取得操作资格证书的，方可上岗作业。

六、《职业病防治法》

38.《职业病防治法》的立法目的是什么?

答：制定《职业病防治法》是为了预防、控制和消除职业病危害，防治职业病，保护劳动者健康及其相关权益，促进经济发展。

七、《中共中央办公厅 国务院办公厅关于进一步加强矿山安全生产工作的意见》

39.《中共中央办公厅 国务院办公厅关于进一步加强矿山安全生产工作的意见》(以下简称《意见》)严格灾害严重煤矿安全准入的内容是什么?

答：严格灾害严重煤矿安全准入。停止新建产能低于90万吨/年的煤与瓦斯突出、冲击地压、水文地质类型极复杂的煤矿。新建煤与瓦斯突出、冲击地压、水文地质类型极复杂的煤矿原则上应按采煤、掘进智能化设计。

40.《意见》规定，安全生产标准化管理体系的核心是什么?

答：矿山企业应当健全以安全风险分级管控和隐患排查治理双重预防机制为核心的安全生产标准化管理体系。

41.《意见》规定，矿山企业强化重大灾害治理的内容是什么?

答：矿山企业应当查明隐蔽致灾因素，实施煤与瓦斯突出、冲击地压、水害等重大灾害分区管理、超前治理。

42.《意见》规定，停工停产整改的矿山限定单班下井人数是多少?

答：停工停产整改的矿山应当制定整改方案，限定单班下井人数，同一作业地点控制在10人以内，并向矿山安全监管监察部门报告后方可进行整改作业。

43.《意见》规定，矿山企业应当建立健全哪些制度?

答：矿山企业应当建立健全并落实全员安全生产岗位责任制和安全生产管理制度。

八、《关于防范遏制矿山领域重特大生产安全事故的硬措施》(以下简称《硬措施》)

44.《硬措施》规定,矿山企业存在哪些重大事故隐患情形依法从重处罚?

答:矿山企业必须建立健全重大事故隐患自查自改常态化机制,对同类重大事故隐患反复出现、屡改屡犯、弄虚作假的,依法从重处罚,并从严追究企业主要负责人责任,有上级公司的,严肃倒查上级公司主要负责人责任。

45.《硬措施》规定,对灾害矿井哪些情形,责令立即停止生产、排除隐患?

答:对灾害矿井该鉴定不鉴定、该戴帽不戴帽、不按灾害等级设防或者鉴定弄虚作假的,责令立即停止生产、排除隐患。

46.《硬措施》规定,矿山企业怎样开展消防安全隐患排查?

答:矿山企业必须建立健全安全风险分级管控制度,常态化开展"三违"行为自查自纠,严格动火作业、爆破施工、煤仓清理、运输提升、密闭启封等关键环节风险管控,加强地面吊篮等设备、"三堂一舍"等设施消防安全隐患排查。

47.《硬措施》对从业人员应急逃生是怎样规定的?

答:从业人员必须熟知各类灾害避灾路线、地面建筑场所的安全疏散通道和自救逃生方法;不熟悉避灾逃生路线,或者不能熟练使用自救器等紧急自救装备的,不得安排上岗作业。

48.《硬措施》规定,凡是出现哪些情形的,必须推倒重来,并严肃追究有关单位和人员责任?

答:凡是安全准入、复工复产验收工作违反程序、降低标准、把关不严、弄虚作假的,必须推倒重来,并严肃追究有关单位和人员责任。

49.《硬措施》对完善重大事故隐患整改和管理有哪些规定?

答:要建立完善重大事故隐患整改销号制度。实行台账化管理,动态清零。

50.《硬措施》规定，对典型事故案例如何警示教育，有什么警醒要求？

答：加大典型事故案例媒体曝光力度，警醒各地、各部门、各矿山企业深刻汲取教训，切实做到“一方出事故、多方受教育，一地有隐患、全国受警示”，形成齐抓共管的良好氛围。

九、《煤矿安全生产条例》

51.《煤矿安全生产条例》的立法目的是什么？

答：《煤矿安全生产条例》的立法目的是加强煤矿安全生产工作，防止和减少煤矿生产安全事故，保障人民群众生命财产安全。

52.《煤矿安全生产条例》规定，煤矿企业从业人员负有哪些安全生产职责？

答：煤矿企业从业人员负有下列安全生产职责：

（1）遵守煤矿企业安全生产规章制度和作业规程、操作规程，严格落实岗位安全责任。

（2）参加安全生产教育和培训，掌握本职工作所需的安全生产知识，提高安全生产技能，增强事故预防和应急处理能力。

（3）及时报告发现的事故隐患或者其他不安全因素。

对违章指挥和强令冒险作业的行为，煤矿企业从业人员有权拒绝并向县级以上地方人民政府负有煤矿安全生产监督管理职责的部门、所在地矿山安全监察机构报告。

煤矿企业不得因从业人员拒绝违章指挥或者强令冒险作业而降低其工资、福利等待遇，无正当理由调整工作岗位，或者解除与其订立的劳动合同。

复习思考题

1.“新安法”对从业人员在安全生产教育和培训方面有哪些规定？

2.“安全第一、预防为主、综合治理”安全生产方针的内涵是什么？

3.“新安法”规定从业人员发现直接危及人身安全的紧急情况时

应如何处置?

4.《劳动合同法》规定劳动合同应当具备哪些条款?

5. 什么样的劳动合同是无效合同?

6.《刑法》对在生产、作业中违反有关安全管理的规定,因而发生重大伤亡事故或者造成其他严重后果的行为是怎样处罚的?

7.《矿山安全法》对从业人员和特种作业人员的安全培训是怎样规定的?

8.《职业病防治法》的立法目的是什么?

9.《意见》规定,安全生产标准化管理体系的核心是什么?

10.《硬措施》对从业人员应急逃生是怎样规定的?

自 测 题

(共 100 分,80 分合格)

得分:________

一、判断题(每题 3 分,共 30 分)

1.《安全生产法》规定:生产经营单位可以采取其他形式与从业人员订立协议,免除或者减轻其对从业人员因生产安全事故伤亡依法应承担的责任。 ( )

2.《安全生产法》规定:生产经营单位发生生产安全事故时,单位的主要负责人应当立即组织抢救,并不得在事故调查处理期间擅离职守。 ( )

3. 从业人员应当接受安全生产教育和培训,掌握本职工作所需的安全生产知识,提高安全生产技能,增强事故预防和应急处理能力。 ( )

4. 无效的劳动合同,从订立的时候起,就没有法律约束力,但确认劳动合同部分无效的,如果不影响其余部分的效力,其余部分仍然有效。 ( )

5. 劳务派遣单位应当对被派遣劳动者进行全面的安全生产教育

和培训。（　　）

6. 生产经营单位发生生产安全事故后，事故现场有关人员应当立即报告本单位有关领导。（　　）

7. 矿山企业应当强化灾害性天气预警预报，如遇极端天气，必须经过企业主要负责人审批后，人员方可入井。（　　）

8. 矿山企业应当健全以安全风险分级管控和隐患排查治理双重预防机制为核心的安全生产标准化管理体系。（　　）

9.《刑法修正案（十一）》自 2021 年 6 月 1 日起施行。（　　）

10. 在安全事故发生后，负有报告职责的人员不报或者谎报事故情况，贻误事故抢救，情节严重的，处 3 年以下有期徒刑或者拘役；情节特别严重的，处 3 年以上 7 年以下有期徒刑。（　　）

二、单选题(每题 3 分，共 30 分)

1. 2021 版《安全生产法》自（　　）起施行。

A. 2021 年 6 月 1 日

B. 2021 年 9 月 1 日

C. 2021 年 10 月 1 日

2.《安全生产法》规定：生产经营单位的（　　）有依法获得安全生产保障的权利，并应当依法履行安全生产方面的义务。

A. 一般人员　　B. 其他人员　　C. 从业人员

3.《安全生产法》规定：生产经营单位不得因安全生产管理人员依法履行职责而降低其工资、福利等待遇或者解除与其订立的（　　）。

A. 劳动协议　　B. 工作合同　　C. 劳动合同

4.《安全生产法》规定：生产经营单位应当教育和督促从业人员严格执行本单位的安全生产规章制度和（　　）。

A. 作业规程　　B. 安全操作规程　　C. 安全规程

5. 安排劳动者延长工作时间的，支付不低于工资的（　　）的工资报酬。

A. 300％　　B. 150％　　C. 200％

6. 矿山企业安全生产特种作业人员必须接受（　　）培训，经考核合格取得操作资格证书的，方可上岗作业。

A. 专门　　B. 技术　　C. 安全技术

7. 劳动者在试用期的工资不得低于本单位相同岗位最低档工资或者劳动合同约定工资的(　　)，并不得低于用人单位所在地的最低工资标准。

A. 40%　　B. 60%　　C. 80%

8. 劳动者患病或者非因工负伤，医疗期满后不能从事原工作，也不能从事由用人单位另行安排的工作的，用人单位(　　)解除劳动合同。

A. 可以　　B. 可以有条件地　　C. 可以无条件地

9. 停工停产整改的矿山应当制定整改方案，限定单班下井人数，同一作业地点控制在(　　)人以内，并向矿山安全监管监察部门报告后方可进行整改作业。

A. 8　　B. 10　　C. 15

10. 1个采矿权范围内原则上只可以设置(　　)个生产系统。

A. 1　　B. 2　　C. 3

三、多选题(每题4分，共40分)

1.《安全生产法》规定：生产经营单位不得因从业人员对本单位安全生产工作提出(　　)、强令冒险作业而降低其工资、福利等待遇或者解除与其订立的劳动合同。

A. 批评　　B. 检举

C. 控告　　D. 拒绝违章指挥

2.《安全生产法》规定：生产经营单位应当具备(　　)或者行业标准规定的安全生产条件；不具备安全生产条件的，不得从事生产经营活动。

A.《安全生产法》　　B. 有关法律

C. 行政法规　　D. 国家标准

3. 生产经营单位应当建立安全生产教育和培训档案，如实记录安全生产教育和培训的(　　)以及考核结果等情况。

A. 时间　　B. 内容

C. 参加人员　　D. 培训效果

4.《安全生产法》规定：单位负责人接到事故报告后，应当迅速采取有效措施，组织抢救，防止事故扩大，减少人员伤亡和财产损失，并按照国家有关规定立即如实报告当地负有安全生产监督管理职责的部门，不得(　　)，不得故意破坏事故现场、毁灭有关证据。

A. 隐瞒不报　　B. 误报

C. 谎报　　D. 迟报

5. 生产经营单位的从业人员(　　)或者操作规程的，由生产经营单位给予批评教育，依照有关规章制度给予处分；构成犯罪的，依照刑法有关规定追究刑事责任。

A. 不遵守劳动纪律　　B. 不落实岗位安全责任

C. 不服从管理　　D. 违反安全生产规章制度

6. 矿山企业必须对职工(从业人员)进行(　　)。

A. 教育　　B. 安全教育

C. 培训　　D. 考试

7.《劳动合同法》规定，订立劳动合同，应当遵循(　　)、协商一致、诚实信用的原则。

A. 合法　　B. 公平

C. 平等自愿　　D. 开诚布公

8. 制定《职业病防治法》是为了(　　)，防治职业病，保护劳动者健康及其相关权益，促进经济发展。

A. 预防　　B. 治理

C. 控制　　D. 消除职业病危害

9. 煤矿发生的水害、瓦斯、火灾、顶板、冲击地压等事故，多与重大灾害治理不到位有关，《意见》提出矿山企业应当查明隐蔽致灾因素，实施(　　)等重大灾害分区管理、超前治理。

A. 煤与瓦斯突出　　B. 冲击地压

C. 水害　　D. 顶板

10.《意见》规定，矿山企业应当建立健全并落实(　　)。

A. 全员安全生产岗位责任制
B. 人人都是安全员制度
C. 安全生产管理制度
D. 灾害预警制度

模块三　新标准、新规程

【学习提示】

我们为什么要学习新标准、新规程？首先，只有学好国家颁布实施的新标准、新规程，才能做到按新标准、新规程的规定去工作；其次，新标准、新规程的修订是在分析了近几年来煤矿生产中发生的重特大事故的基础上完成的，其内容是血的事故教训的总结，非常值得我们去学习领会；最后，新标准、新规程制定的目的是保障煤矿安全生产和职工人身安全，防止煤矿事故发生。

因此，学好新标准、新规程能为我们在工作中提供可靠的安全标准和安全技术保障，并不断增强上标准岗、干标准活的工作意识，对遏制重特大事故，保护职工安全和健康，保证煤矿安全状况稳定好转具有重要意义。

一、《煤矿重大事故隐患判定标准》

1.《煤矿重大事故隐患判定标准》于何时颁布和施行？

答：《煤矿重大事故隐患判定标准》（中华人民共和国应急管理部令第 4 号）已经 2020 年 11 月 2 日应急管理部第 31 次部务会议审议通过，自 2021 年 1 月 1 日起施行。

2.《煤矿重大事故隐患判定标准》中所称的国家规定的含义是什么？

答：国家规定是指有关法律、行政法规、部门规章、国家标准、行业标准，以及国务院及其应急管理部门、国家矿山安全监察机构依法制定的行政规范性文件。

3.《煤矿重大事故隐患判定标准》中规定的“三超”指的是什么？

答：“三超”是指超能力、超强度或者超定员组织生产。

4.《煤矿重大事故隐患判定标准》中规定的瓦斯超限作业重大事故隐患是什么?

答:(1) 瓦斯检查存在漏检、假检情况且进行作业的。

(2) 井下瓦斯超限后继续作业或者未按照国家规定处置继续进行作业的。

(3) 井下排放积聚瓦斯未按照国家规定制定并实施安全技术措施进行作业的。

5.《煤矿重大事故隐患判定标准》中规定的超层越界开采重大事故隐患是什么?

答:(1) 超出采矿许可证载明的开采煤层层位或者标高进行开采的。

(2) 超出采矿许可证载明的坐标控制范围进行开采的。

(3) 擅自开采(破坏)安全煤柱的。

6.《煤矿重大事故隐患判定标准》中规定的带式输送机重大事故隐患是什么?

答:带式输送机的输送带入井前未经过第三方阻燃和抗静电性能试验,或者试验不合格入井,或者输送带防打滑、跑偏、堆煤等保护装置或者温度、烟雾监测装置失效的。

7.《煤矿重大事故隐患判定标准》中规定的水文地质类型复杂、极复杂的矿井的重大事故隐患是什么?

答:水文地质类型复杂、极复杂的矿井未设置专门的防治水机构、未配备专门的探放水作业队伍,或者未配齐专用探放水设备的。

8.《煤矿重大事故隐患判定标准》中规定的自然发火严重,未采取有效措施的重大事故隐患是什么?

答:(1) 开采容易自燃和自燃煤层的矿井,未编制防灭火专项设计或者未采取综合防灭火措施的。

(2) 高瓦斯矿井采用放顶煤采煤法不能有效防治煤层自然发火的。

(3) 有自然发火征兆没有采取相应的安全防范措施继续生产建设的。

(4) 违反《煤矿安全规程》规定启封火区的。

二、煤矿安全生产标准化管理体系

9. 2024 版煤矿安全生产标准化管理体系考核定级分为几个等级？

答：煤矿安全生产标准化管理体系分为一、二、三 3 个等级。

10. 搞好煤矿安全生产标准化建设对煤矿职工有什么意义？

答：搞好煤矿安全生产标准化建设的重要意义对煤矿职工来说主要有以下两大方面：一是通过煤矿安全生产标准化建设，不断夯实矿井安全生产基础，不断提升安全管理水平，有助于构建更好的安全生产环境，更可靠地保障职工生命安全与健康；二是如果煤矿达到一级标准化矿井，将享受到"在全国性或区域性调整、实施减量化生产措施时，原则上不纳入减量化生产煤矿范围及在地方政府因其他煤矿发生事故采取区域政策性停产措施时，原则上不纳入停产范围"等一系列优惠政策和待遇，这对保证职工家庭有稳定的收入来源有非常现实的意义。

11. 2024 版煤矿安全生产标准化管理体系分为哪几部分内容？

答：分为重大灾害防治、安全基础管理和专业管理 3 部分内容。

12. 安全生产标准化管理体系达标煤矿应怎样管理？

答：安全生产标准化管理体系达标煤矿应加强日常检查，每季度至少组织开展 1 次全面的自查，煤矿上级企业每半年至少组织开展 1 次全面检查(没有上级企业的煤矿自行组织开展)。

13. 煤矿取得安全生产标准化管理体系相应等级后，考核定级部门几年进行一次复查复核？

答：煤矿取得安全生产标准化管理体系相应等级后，考核定级部门每 3 年进行一次复查复核。

14. 发生一般及以上事故后的煤矿标准化等级是如何处理的？

答：一级、二级煤矿发生一般事故后分别降为二级、三级，发生较大及以上事故后撤销其等级；三级煤矿发生一般及以上事故后撤销其等级。

15. 安全基础管理的内容有哪些？

答：安全基础管理的内容有安全目标、组织保障、安全制度、安全培训、风险分级管控、隐患排查治理、持续改进七个方面。

16. 井工煤矿重大灾害防治包括哪些内容?

答:井工煤矿重大灾害防治包括隐蔽致灾因素普查、灾害治理规划及计划、灾害防治措施三方面内容。

17. 灾害防治措施项目包括哪些内容?

答:灾害防治措施项目内容有防治煤与瓦斯突出、瓦斯抽采、防治煤尘爆炸、防治火灾事故、防治水害事故、防治冲击地压六项内容。

18. 采煤工作面哪些地点需要安装视频摄像头?

答:工作面每 50 架或 75 m、安全出口、转载机头、带式输送机机头和机尾安装视频摄像头,视频有效监控作业区域。

19. 煤矿安全生产标准化管理体系对掘进机械化程度有什么要求?

答:煤矿安全生产标准化管理体系对掘进机械化程度的要求是:① 煤巷、半煤岩巷和条件适宜的岩巷宜采用综合机械化掘进,掘进机械化程度不低于 75%;② 采用机械装、运煤(矸);③ 材料、设备采用机械运输,人工运料距离不超过 300 m。

三、《煤矿安全规程》

20. 2022 版《煤矿安全规程》于何时颁布和施行?

答:2022 版《煤矿安全规程》于 2022 年 1 月 6 日颁布,自 2022 年 4 月 1 日起施行。

21. 2022 版《煤矿安全规程》学习的重点是什么?

答:重点学习新修订的 18 条内容:

(1) 设备查验。涉及第 4 条。

(2) 智能化。涉及第 10 条。为认真贯彻执行《关于加快煤矿智能化发展的指导意见》(发改能源〔2020〕283 号),增加推广自动化、智能化开采要求。

(3) 矿井同时生产的采掘工作面个数。涉及第 95 条。

(4) 突出煤层消突后的放顶煤开采。涉及第 115 条,包括高瓦斯、突出矿井的容易自燃煤层采取综合防灭火措施与放顶煤开采过程中防治水的要求。

(5) 除降尘装置。涉及第 119 条。

(6) 开采深度。主要涉及第 190 条突出矿井开采深度。

(7) 突出防治。主要涉及第 194 条、第 209 条。《防治煤与瓦斯突出细则》在区域和局部防突工作等方面增加了诸多新要求，为保持《煤矿安全规程》与《防治煤与瓦斯突出细则》的有序衔接，在第 194 条增加了防突机构、队伍、安全管理和质量管控的相关要求；在第 209 条对顺层钻孔或者穿层钻孔预抽回采区域煤层瓦斯的区域防突措施钻孔控制区域范围和距离提出了要求。

(8) 冲击地压防治。主要涉及第 228 条、第 230 条、第 231 条、第 236 条、第 241 条、第 244 条。

(9) 防灭火。主要涉及第 250 条、第 274 条。

(10) 水害防治。主要涉及第 303 条顶板离层水威胁工作面防治措施。

(11) 爆破安全。主要涉及第 367 条。

22. 学习 2022 版《煤矿安全规程》的意义是什么？

答：《煤矿安全规程》在煤炭行业具有很高的权威性，在煤矿安全生产领域居于主体规章地位，是安全生产法律法规和中央决策部署的具体体现，是安全监管监察执法的重要依据，是规范煤矿安全管理行为的重要准绳。各企业矿长(总经理)、总工程师等要带头组织《煤矿安全规程》的宣传、学习与贯彻工作。

23. 2022 版《煤矿安全规程》对重要设备材料查验有哪些规定？

答：煤矿企业必须制定重要设备材料的查验制度，做好检查验收和记录，防爆、阻燃抗静电、保护等安全性能不合格的不得入井使用。

24. 2022 版《煤矿安全规程》对矿井采、掘工作面个数有哪些规定？

答：一个矿井同时回采的采煤工作面个数不得超过 3 个，煤(半煤岩)巷掘进工作面个数不得超过 9 个。严禁以掘代采。

25. 2022 版《煤矿安全规程》对违章指挥、违章作业有哪些规定？

答：从业人员有权制止违章作业，拒绝违章指挥；当工作地点出现险情时，有权立即停止作业，撤到安全地点；当险情没有得到处理不能保证人身安全时，有权拒绝作业。

从业人员必须遵守煤矿安全生产规章制度、作业规程和操作规程，严禁违章指挥、违章作业。

26. 2022版《煤矿安全规程》对新建突出矿井井型与水平开采深度有哪些规定？

答：新建突出矿井设计生产能力不得低于0.9 Mt/a，第一生产水平开采深度不得超过800 m。中型及以上的突出生产矿井延深水平开采深度不得超过1 200 m，小型的突出生产矿井开采深度不得超过600 m。

27. 2022版《煤矿安全规程》对采动影响区域内巷道扩修有哪些规定？

答：采动影响区域内严禁巷道扩修与回采平行作业、严禁同一区域两点及以上同时扩修。

28. 2022版《煤矿安全规程》对冲击地压采掘工作面实施解危措施时的人员有哪些规定？

答：采掘工作面实施解危措施时，必须撤出与实施解危措施无关的人员。

29. 2022版《煤矿安全规程》对罐笼提升立井井口还应当采取的措施有哪些规定？

答：罐笼提升立井井口还应当采取以下措施：

（1）井口操车系统基础下部的负层空间应当与井筒隔离，并设置消防设施。

（2）操车系统液压管路应当采用金属管或者阻燃高压非金属管，传动介质使用难燃液，液压站不得安装在封闭空间内。

（3）井筒及负层空间的动力电缆、信号电缆和控制电缆应当采用煤矿用阻燃电缆，并与操车系统液压管路分开布置。

（4）操车系统机坑及井口负层空间内应当及时清理漏油，每天检查清理情况，不得留存杂物和易燃物。

30. 2022 版《煤矿安全规程》对起爆地点到爆破地点的距离有哪些规定?

答:爆破工必须最后离开爆破地点,并在安全地点起爆。撤人、警戒等措施及起爆地点到爆破地点的距离必须在作业规程中具体规定。

起爆地点到爆破地点的距离应当符合下列要求:

(1) 岩巷直线巷道大于 130 m,拐弯巷道大于 100 m。

(2) 煤(半煤岩)巷直线巷道大于 100 m,拐弯巷道大于 75 m。

(3) 采煤工作面大于 75 m,且位于工作面进风巷内。

四、《防治煤与瓦斯突出细则》

31.《防治煤与瓦斯突出细则》于何时颁布和施行?

答:国家煤矿安全监察局于 2019 年 7 月 16 日颁布了《防治煤与瓦斯突出细则》,自 2019 年 10 月 1 日起施行。

32.《防治煤与瓦斯突出细则》的主要作用是什么?

答:《防治煤与瓦斯突出细则》作为部门规章,提升了法律约束力,对防突工作有更大的推动作用;更加严格了区域防突措施,规定区域措施不到位,不得进行采掘作业,对标本兼治、重在治本、源头防治煤与瓦斯突出起到了重要的推动作用;更加突出了煤矿企业在防治煤与瓦斯突出工作中的主体责任,对发挥企业的主观能动性,结合自身实际,系统性做好防突工作起到了重要的推动作用。

33.《防治煤与瓦斯突出细则》修订的主要内容是什么?

答:(1) 与《煤矿安全规程》衔接和统一,贯彻落实防突工作理念和原则。

(2) 强化区域综合防突措施的目标管理和执行力度。

(3) 新增综合防突措施实施过程管理和突出预兆管控。

(4) 吸取事故教训,防控突出风险,防突工作前移。

(5) 提高人员素质,依靠科技进步,引领防突技术发展。

34.《防治煤与瓦斯突出细则》学习的重点是什么?

答:(1) 突出矿井建立突出预防机制要求。实现多元信息的综合预警、快速响应和有效处理。

(2) 严格区域预测要求。第一,明确了区域预测范围;第二,强化区域预测指标;第三,强化预测指标的可靠性,采用定点取样方式测定煤层瓦斯含量,确保预测指标测试可靠。

(3) 强化区域防突措施。第一,增加顺层钻孔预抽煤巷条带抽采时间要求;第二,增加"定向长钻孔预抽煤巷条带煤层瓦斯的区域防突措施",要求钻孔应当控制煤巷条带煤层前方长度不小于 300 m,缓解采掘接替紧张,增加瓦斯治理时间;第三,强化了突出严重区域的防突措施。

(4) 提高区域防突措施效果检验的可靠性。第一,对效果检验测试点提出更高的要求;第二,规定了区域措施效果检验的最小检验范围。

(5) 纳入综合防突措施实施质量管控。

35.《防治煤与瓦斯突出细则》学习的意义是什么?

答:《防治煤与瓦斯突出细则》是在充分吸取近年来的事故教训,总结煤与瓦斯突出防治工作经验,推动新技术、新装备、新工艺应用的基础上,对《防治煤与瓦斯突出规定》实施 10 年来进行的全面、系统的修订;进一步完善了两个"四位一体"综合防突措施,强化对两个"四位一体"综合防突措施实施的过程管理和突出预兆管控,推进煤层"零突出"目标管理。

36.《防治煤与瓦斯突出细则》规定,区域"四位一体"综合防突措施的内容是什么?

答:(1) 区域突出危险性预测。

(2) 区域防突措施。

(3) 区域防突措施效果检验。

(4) 区域验证。

37.《防治煤与瓦斯突出细则》规定,局部"四位一体"综合防突措施的内容是什么?

答:(1) 工作面突出危险性预测。

(2) 工作面防突措施。

(3) 工作面防突措施效果检验。

（4）安全防护措施。

38.《防治煤与瓦斯突出细则》规定，防突工作必须坚持什么原则？

答：防突工作必须坚持“区域综合防突措施先行、局部综合防突措施补充”的原则，按照“一矿一策、一面一策”的要求，实现“先抽后建、先抽后掘、先抽后采、预抽达标”。

39.《防治煤与瓦斯突出细则》对突出矿井各类人员的培训有什么要求？

答：（1）突出矿井的井下工作人员的培训包括防突基本知识以及与本岗位相关的防突规章制度。

（2）突出矿井的区（队）长、班组长和有关职能部门的工作人员应当全面熟悉两个“四位一体”综合防突措施、防突的规章制度等内容。

（3）突出矿井的防突工属于特种作业人员，必须接受防突知识、操作技能的专门培训，并取得特种作业操作证。

（4）有突出矿井的煤矿企业技术负责人和突出矿井的矿长、总工程师应当接受防突专项培训，具备突出矿井的安全生产知识和管理能力。

40.《防治煤与瓦斯突出细则》规定，典型的突出预兆主要包括哪些现象？

答：响煤炮声（机枪声、闷雷声、劈裂声），喷孔、顶钻，煤壁外鼓、掉渣，瓦斯涌出持续增大或者忽大忽小，煤尘增大，煤壁温度降低、挂汗等。

41.《防治煤与瓦斯突出细则》规定，局部综合防突措施中的安全防护措施有哪些？

答：井巷揭穿突出煤层和在突出煤层中进行采掘作业时，必须采取避难硐室、反向风门、压风自救装置、隔离式自救器、远距离爆破等安全防护措施。

42.《防治煤与瓦斯突出细则》规定，哪些区域在实施区域验证、局部综合防突措施或者采掘作业中，发现有喷孔、顶钻等明显突出预兆或者发生突出的，必须采取或者继续执行区域防突措施？

答：（1）在原有区域预测划分的无突出危险区内发生明显突出预

兆或者突出的位置以上 20 m(埋深)及以下的范围。

(2) 在实施预抽煤层瓦斯区域防突措施的区域发生明显突出预兆或者突出的位置半径 100 m 范围内。

43.《防治煤与瓦斯突出细则》规定,压风自救系统应当达到哪些要求?

答:(1) 压风自救装置安装在掘进工作面巷道和采煤工作面巷道内的压缩空气管道上。

(2) 在以下每个地点都应当至少设置一组压风自救装置:距采掘工作面 25～40 m 的巷道内、起爆地点、撤离人员与警戒人员所在的位置以及回风巷有人作业处等地点。在长距离的掘进巷道中,应当每隔 200 m 至少安设一组压风自救装置,并在实施预抽煤层瓦斯区域防突措施的区域,根据实际情况增加压风自救装置的设置组数。

(3) 每组压风自救装置应当可供 5～8 人使用,平均每人的压缩空气供给量不得少于 0.1 m^3/min。

五、《防治煤矿冲击地压细则》

44.《防治煤矿冲击地压细则》于何时颁布和施行?

答:国家煤矿安全监察局于 2018 年 5 月 2 日颁布了《防治煤矿冲击地压细则》,自 2018 年 8 月 1 日起施行。

45.《防治煤矿冲击地压细则》学习的重点是什么?

答:(1) 煤矿企业(煤矿)的主要负责人(法定代表人、实际控制人)是冲击地压防治的第一责任人,对防治工作全面负责;其他负责人对分管范围内冲击地压防治工作负责。

(2) 有冲击地压矿井的煤矿企业必须明确分管冲击地压防治工作的负责人及业务主管部门,配备相关的业务管理人员。

(3) 冲击地压矿井必须依据冲击地压防治培训制度,定期对井下相关的作业人员、班组长、技术员、区队长、防冲专业人员与管理人员进行冲击地压防治的教育和培训,保证防冲相关人员具备必要的岗位防冲知识和技能。

(4) 人员进入冲击地压危险区域时必须严格执行人员准入制度。

人员准入制度必须明确规定人员进入的时间、区域和人数，井下现场设立管理站。

46. 学习《防治煤矿冲击地压细则》的意义是什么？

答：《防治煤矿冲击地压细则》对冲击地压治理机理、先进技术运用、制度体系完善以及工程审批验收等内容进行了规定，对进一步规范和细化冲击地压防治工作，有效遏制和防范重大冲击地压事故具有十分重要的意义。

47. 《防治煤矿冲击地压细则》对有冲击地压矿井的煤矿企业设立管理机构及组建专业队伍是怎样规定的？

答：有冲击地压矿井的煤矿企业必须明确分管冲击地压防治工作的负责人及业务主管部门，配备相关的业务管理人员。冲击地压矿井必须明确分管冲击地压防治工作的负责人，设立专门的防冲机构，并配备专业防冲技术人员与施工队伍，防冲队伍人数必须满足矿井防冲工作的需要，建立防冲监测系统，配备防冲装备，完善安全设施和管理制度，加强现场管理。

48. 《防治煤矿冲击地压细则》规定，冲击地压防治工作的原则是什么？

答：冲击地压防治应当坚持“区域先行、局部跟进、分区管理、分类防治”的原则。

49. 《防治煤矿冲击地压细则》规定，开采冲击地压煤层必须采取哪些综合性防治措施？

答：开采冲击地压煤层时，必须采取冲击地压危险性预测、监测预警、防范治理、效果检验、安全防护等综合性防治措施。

50. 《防治煤矿冲击地压细则》规定，冲击危险性评价可采用哪些方法？

答：冲击危险性评价可采用综合指数法或其他经实践证实有效的方法。

51. 《防治煤矿冲击地压细则》规定，人员准入制度必须明确哪些内容？

答：人员准入制度必须明确规定人员进入的时间、区域和人数，井下现场设立管理站。

52.《防治煤矿冲击地压细则》规定，冲击地压巷道支护有哪些要求？

答：冲击地压巷道严禁采用刚性支护，要根据冲击地压危险性进行支护设计，可采用抗冲击的锚杆（锚索）、可缩支架及高强度、抗冲击巷道液压支架等，提高巷道抗冲击能力。

53.《防治煤矿冲击地压细则》规定，井下有危险情况时，哪些人员有权责令现场作业人员停止作业，停电撤人？

答：井下有危险情况时，班组长、调度员和防冲专业人员有权责令现场作业人员停止作业，停电撤人。

六、《煤矿防治水细则》

54.《煤矿防治水细则》于何时颁布和施行？

答：国家煤矿安全监察局于 2018 年 6 月 4 日颁布了《煤矿防治水细则》，自 2018 年 9 月 1 日起施行。

55.《煤矿防治水细则》修订的要点是什么？

答：(1) 把成功经验和工作要求固化为标准。

(2) 坚持问题导向，明确不同类型水害防治工作要求。

(3) 进一步完善了煤矿水害综合防治措施。

(4) 对《煤矿安全规程》中部分防治水要求进行细化。

56.《煤矿防治水细则》学习的重点是什么？

答：重点学习矿井水文地质类型划分及基础资料、矿井水文地质补充勘探、井下探放水、矿井防治水技术、露天煤矿防治水、水害应急处置等有关规定，以全面、科学指导煤矿防治水工作。

57. 学习《煤矿防治水细则》的意义是什么？

答：通过学习，能够深刻认识矿井涌水对煤矿生产和职工安全的巨大威胁，更加明确了防治矿井涌水的重要性；提高对涌水风险的辨识和应对能力，提高矿井安全性和生产效率。

58.《煤矿防治水细则》规定，煤矿防治水工作的原则是什么？

答：煤矿防治水工作应当坚持“预测预报、有疑必探、先探后掘、先治后采”的原则。

59.《煤矿防治水细则》规定，煤矿水害综合防治“七字”措施是什么？

答：煤矿水害综合防治“七字”措施是“探、防、堵、疏、排、截、监”。

60.《煤矿防治水细则》对防治水知识的教育和培训有哪些规定？

答：煤炭企业、煤矿应当对井下职工进行防治水知识的教育和培训，对防治水专业人员进行新技术、新方法的再教育，提高防治水工作技能和有效处置水灾的应急能力。

61.《煤矿防治水细则》规定，井下探放水“三专”的内容是什么？

答：由专业技术人员编制探放水设计，采用专用钻机进行探放水，由专职探放水队伍施工。严禁使用非专用钻机探放水。

62.《煤矿防治水细则》规定，在探放水钻进时，发现煤岩松软、片帮、来压或者钻孔中水压、水量突然增大和顶钻等突水征兆时，应采取什么措施？

答：在探放水钻进时，发现煤岩松软、片帮、来压或者钻孔中水压、水量突然增大和顶钻等突水征兆时，立即停止钻进，但不得拔出钻杆；应当立即撤出所有受水威胁区域的人员到安全地点，并向矿井调度室汇报，采取安全措施，派专业技术人员监测水情并分析，妥善处理。

63.《煤矿防治水细则》对工作水泵的能力、备用水泵的能力和检修水泵的能力是怎样规定的？

答：工作水泵的能力，应当能在 20 h 内排出矿井 24 h 的正常涌水量（包括充填水及其他用水）。备用水泵的能力，应当不小于工作水泵能力的 70%。检修水泵的能力，应当不小于工作水泵的 25%。工作和备用水泵的总能力，应当能在 20 h 内排出矿井 24 h 的最大涌水量。

64.《煤矿防治水细则》规定，煤炭企业、煤矿对水害应急预案、应急知识、自救互救和避险逃生技能的培训有哪些要求？

答：煤炭企业、煤矿应当组织开展水害应急预案、应急知识、自救互救和避险逃生技能的培训，使矿井管理人员、调度室人员和其他相关作业人员熟悉预案内容、应急职责、应急处置程序和措施。

65.《煤矿防治水细则》规定，突水与透水有何区别？

答：突水，是指含水层水的突然涌出。透水，是指老空水的突然涌出。

七、《煤矿防灭火细则》

66.《煤矿防灭火细则》于何时颁布和施行?

答:国家矿山安全监察局于2021年10月12日颁布了《煤矿防灭火细则》,自2022年1月1日起施行。

67.《煤矿防灭火细则》学习的重点是什么?

答:一是煤矿防灭火指导思想,第七条为本细则的核心条款,强调火灾防范关口前移,实现火灾早期预警和措施优化改进,因地制宜选取两种及以上防灭火技术手段,变被动治理为主动预防。二是自然发火预兆和征兆的概念。三是立井提升防灭火有关要求。四是井下动火作业有关要求。五是井下柴油贮存有关要求。六是高分子材料使用要求。七是防火密闭墙构筑要求。

68. 学习《煤矿防灭火细则》的意义是什么?

答:以防为主、防治结合,从源头消除煤矿火灾隐患,坚决防范火灾事故发生。一是立足源头治理,关口前移、预防为主。二是加强监测监控,精准分析、早期预警。三是坚持分类施策,循环改进、因地制宜。四是实施协同防治,多措并举、综合治理。

69.《煤矿防灭火细则》规定,煤矿防灭火工作的原则是什么?

答:煤矿防灭火工作必须坚持预防为主、早期预警、因地制宜、综合治理的原则,制定井上、下防灭火措施。

70.《煤矿防灭火细则》对从业人员的防灭火教育和培训有哪些规定?

答:煤矿企业、煤矿必须对从业人员进行防灭火教育和培训,定期对防灭火专业技术人员进行培训,提高其防灭火工作技能和有效处置火灾的应急能力。

71.《煤矿防灭火细则》对井下明火管制有哪些规定?

答:(1) 严禁在采掘工作面进行电焊、气割等动火作业。

(2) 严禁携带烟草和点火物品,严禁穿化纤衣服入井。

(3) 井下严禁使用灯泡取暖和使用电炉。

(4) 井下爆破作业时,应当按照矿井瓦斯等级选用煤矿许用炸药和雷管，并严格按施工工艺进行爆破。

（5）井口和井下电气设备必须装设防雷击和防短路的保护装置。

72.《煤矿防灭火细则》规定，当井下发现自然发火征兆时应当怎样处置？

答：当井下发现自然发火征兆时，必须停止作业，立即采取有效措施处置。在发火征兆不能得到有效控制时，必须撤出人员，封闭危险区域。进行封闭施工作业时，其他区域所有人员必须全部撤出。

73.《煤矿防灭火细则》规定，任何人发现井下火灾时应当怎样处置？

答：任何人发现井下火灾时，应当视火灾性质、灾区通风和瓦斯情况，立即采取一切可能的方法直接灭火，控制火势，并迅速报告矿调度室。矿调度室在接到井下火灾报告后，应当立即按灾害预防和处理计划通知有关人员组织抢救灾区人员和实施灭火工作。

74.《煤矿防灭火细则》规定，电气设备着火时应当怎样处置？

答：电气设备着火时，应当首先切断其电源；在切断电源前，必须使用不导电的灭火器材进行灭火。

75.《煤矿防灭火细则》规定，处理矿井外因火灾时，应当遵守的原则是什么？

答：（1）控制烟雾的蔓延，防止火灾扩大。

（2）保持通风系统稳定，防止引起瓦斯、煤尘爆炸。必须指定专人检查瓦斯和煤尘，观测灾区的气体和风流变化。当甲烷浓度达到2.0％以上并继续增加时，全部人员立即撤离至安全地点。

（3）有利于人员撤退和保护救灾人员安全。

（4）创造有利的灭火条件。

八、《煤矿地质工作细则》

76.《煤矿地质工作细则》于何时颁布与施行？

答：国家矿山安全监察局于2023年12月29日颁布了《煤矿地质工作细则》，自2024年3月1日起施行。

77.《煤矿地质工作细则》制定的目的是什么?

答:《煤矿地质工作细则》制定的目的是加强和规范煤矿地质工作,为煤矿安全生产提供地质保障,有效预防煤矿事故。

78. 根据《煤矿地质工作细则》,煤矿地质工作应当坚持什么原则?

答:煤矿地质工作应当坚持"综合勘查、科学分析、预测预报、保障安全"的原则。

79. 根据《煤矿地质工作细则》,煤矿地质工作的主要任务有哪些?

答:煤矿地质工作的主要任务包括:

(1) 研究煤矿地层、地质构造、煤层、煤质、瓦斯、水文地质、冲击地压、工程地质和其他开采地质条件等地质特征及其变化规律,开展地质类型划分。

(2) 查明影响煤矿安全生产的各种隐蔽致灾地质因素。

(3) 进行地质补充调查与勘探、地质观测、资料编录和综合分析,提供煤矿建设和生产各个阶段所需要的地质资料,解决煤矿安全生产中的各种地质问题。

(4) 估算和核实煤矿煤炭资源储量以及煤矿瓦斯(煤层气)资源储量,掌握资源储量动态,为合理安排生产提供可靠依据。

(5) 调查、研究煤矿含煤地层中共(伴)生矿产的赋存情况和开采利用价值。

复习思考题

1.《煤矿重大事故隐患判定标准》中规定的"三超"指的是什么?

2.《煤矿重大事故隐患判定标准》中规定的瓦斯超限作业重大事故隐患是什么?

3.《煤矿重大事故隐患判定标准》中规定的自然发火严重,未采取有效措施的重大事故隐患是什么?

4. 搞好煤矿安全生产标准化建设有什么意义?

5. 2022 版《煤矿安全规程》对矿井采、掘工作面个数有哪些规定?

6. 2022 版《煤矿安全规程》对违章指挥、违章作业有哪些规定?

7.《防治煤与瓦斯突出细则》规定局部“四位一体”综合防突措施的内容是什么？

8.《煤矿防治水细则》规定煤矿防治水工作的原则是什么？

9.《煤矿防灭火细则》对井下明火管制有哪些规定？

10.《煤矿防灭火细则》规定，处理矿井外因火灾时，应当遵守的原则是什么？

自　测　题

（共 100 分，80 分合格）

得分：________

一、判断题（每题 3 分，共 30 分）

1. “三超”是指超产量、超强度或者超定员组织生产。（　）

2. 瓦斯检查员数量配备不足的，是重大事故隐患。（　）

3. 超出生产经营许可证载明的开采煤层层位或者标高进行开采的，是重大事故隐患。（　）

4. 开采容易自燃和自燃煤层的矿井，未编制防灭火专项设计或者未采取综合防灭火措施的，是重大事故隐患。（　）

5. 违反《煤矿安全规程》规定启封火区的，是重大事故隐患。（　）

6. 煤矿取得安全生产标准化管理体系相应等级后，考核部门每年进行一次复查复核。（　）

7. 突出矿井的井下工作人员的培训包括防突基本知识以及与本岗位相关的防突规章制度。（　）

8. 煤矿水害综合防治“七字”措施是“探、防、堵、疏、放、截、监”。（　）

9. 严禁在采掘工作面进行电焊、气割等动火作业。（　）

10. 电气设备着火时，应当首先切断其电源；在切断电源前，必须使用不导电的灭火器材进行灭火。（　）

二、单选题(每题 3 分,共 30 分)

1.《煤矿重大事故隐患判定标准》开始施行时间为(　　)。

A. 2021 年 1 月 1 日

B. 2021 年 4 月 1 日

C. 2021 年 10 月 1 日

2. 新建突出矿井设计生产能力不得低于(　　)Mt/a。

A. 0.6　　B. 0.9　　C. 1.2

3. 中型及以上的突出生产矿井延深水平开采深度不得超过(　　)m。

A. 800　　B. 1 000　　C. 1 200

4. 起爆地点到爆破地点的距离,岩巷直线巷道大于(　　)m,拐弯巷道大于 100 m。

A. 100　　B. 120　　C. 130

5. 起爆地点到爆破地点的距离,煤(半煤岩)巷直线巷道大于(　　)m,拐弯巷道大于 75 m。

A. 100　　B. 120　　C. 130

6. 起爆地点到爆破地点的距离,采煤工作面大于(　　)m,且位于工作面进风巷内。

A. 55　　B. 75　　C. 85

7. 井下爆破作业时,应当按照矿井瓦斯等级选用煤矿许用炸药和雷管,并严格按(　　)进行爆破。

A. 施工工艺　　B.《煤矿安全规程》　　C. 作业规程

8.《煤矿防灭火细则》开始施行时间为(　　)。

A. 2022 年 1 月 1 日

B. 2022 年 10 月 1 日

C. 2022 年 5 月 1 日

9. 突出矿井的区(队)长、班组长和有关职能部门的工作人员应当全面熟悉两个(　　)综合防突措施、防突的规章制度等内容。

A. 三位一体　　B. 四位一体　　C. 五位一体

10. 小型的突出生产矿井开采深度不得超过(　　)m。

A. 500　　B. 600　　C. 800

三、多选题(每题4分,共40分)

1. 国家规定是指(　　)、行业标准,以及国务院及其应急管理部门、国家矿山安全监察机构依法制定的行政规范性文件。

A. 有关法律　　B. 行政法规

C. 部门规章　　D. 国家标准

2. 带式输送机防(　　)等保护装置或者温度、烟雾监测装置失效的,是重大事故隐患。

A. 打滑　　B. 跑偏

C. 逆止　　D. 堆煤

3. 从业人员有权(　　);当工作地点出现险情时,有权立即停止作业,撤到安全地点。

A. 制止违章作业　　B. 拒绝违章指挥

C. 不听指挥　　D. 拒绝施工

4. 防突工作必须坚持"区域综合防突措施先行、局部综合防突措施补充"的原则,按照"(　　)"的要求,实现"先抽后建、先抽后掘、先抽后采、预抽达标"。

A. 一井一策　　B. 一矿一策

C. 一头一策　　D. 一面一策

5. 井巷揭穿突出煤层和在突出煤层中进行采掘作业时,必须采取避难硐室、(　　)等安全防护措施。

A. 反向风门　　B. 压风自救装置

C. 隔离式自救器　　D. 远距离爆破

6. 开采冲击地压煤层时,必须采取冲击地压危险性预测、(　　)等综合性防治措施。

A. 监测预警　　B. 防范治理

C. 效果检验　　D. 安全防护

7. 任何人发现井下火灾时,应当视(　　),立即采取一切可能的方法直接灭火，控制火势，并迅速报告矿调度室。

A. 火灾性质　　B. 火灾起因

C. 灾区通风　　D. 瓦斯情况

8. 煤矿防治水工作应当坚持（　　）、先治后采的原则。

A. 预测预报　　B. 有疑必探

C. 探访结合　　D. 先探后掘

9. 冲击地压防治应当坚持“（　　）、分类防治”的原则。

A. 区域先行　　B. 综合防治

C. 局部跟进　　D. 分区管理

10. 突出矿井的防突工属于特种作业人员，必须接受（　　）的专门培训，并取得特种作业操作证。

A. 安全知识　　B. 理论知识

C. 防突知识　　D. 操作技能

模块四　煤矿新技术

【学习提示】

为什么要学习煤矿新技术？首先，我国煤矿正向着自动化、智能化方向发展，煤矿企业不断引进新技术以提高煤矿安全生产技术水平，促进矿井本质安全；其次，煤矿企业谋求新技术的应用将有利于煤炭行业安全和健康发展，有利于职工身体健康和企业稳定；最后，煤矿企业推广使用新技术有利于改善作业环境，增强职工安全防护水平，提高企业经济效益。

通过学习近年来煤矿企业推广应用的采煤、掘进、"一通三防"、机电运输等专业领域的新技术，能够使我们了解煤矿新技术发展的现状和方向，并掌握相关的安全知识和操作技能。

1. 什么叫智能化采矿技术？

答：智能化采矿技术是指通过先进的自动化、智能化设备和系统，实现矿山生产过程的全面优化和控制。

2. 智能化采矿技术主要包括哪几个方面？

答：(1) 自动化设备：采用先进的自动化设备，如无人驾驶的采矿车、自动化钻机等，实现矿山生产过程的自动化和智能化。

(2) 智能化系统：通过建立智能化系统，实现对矿山生产过程的全面监控和调度，提高生产效率和管理水平。

(3) 数据分析与优化：通过对矿山生产过程中产生的数据进行收集、分析和优化，实现对生产过程的精确控制和优化。

3. 智能化采矿技术有哪些优势？

答：(1) 提高生产效率：通过自动化设备和智能化系统，减少人工干预，提高生产效率。

(2) 降低成本：减少人力成本和设备维护成本，降低生产成本。

(3) 提高安全性：通过自动化设备和智能化系统，减少人员伤亡和设备故障，提高生产安全性。

(4) 减少对环境的影响：通过精确控制和优化生产过程，减少对环境的影响。

4. 智能开采的三要素是什么？

答：智能开采的显著特点是工作面设备和控制系统具有智能感知、智能控制、智能决策3个要素，即智能三要素。

5. 智能化采煤工作面生产系统包含哪些内容？

答：智能化采煤工作面生产系统包含智能割煤、智能支护、智能运输、智能控制、网络通信、智能视频、智能喷雾、智能供液、智能巡检、智能供电10个子系统。

6. 智能化采煤工作面辅助生产系统包含哪些内容？

答：智能化采煤工作面辅助生产系统包含工作面照明、工作面语音、通风和防灭火、智能安全监测4个子系统。

7. 什么是大采长、大储量综采工作面？

答：大采长、大储量综采工作面是指通过增加综采工作面宽度及推采长度，以此增加工作面储量，一般是采面长度超过300 m的壁式采煤工作面，在其综采面两端各布置一条煤巷（一条进风巷、一条回风巷）。

8. 大采深矿井最大的特点是什么？

答：大采深矿井最大的特点就是矿压大、地质条件复杂、支护难度大，特别是对于深部软岩巷道的支护，一直是近年来煤矿技术工作者研究的重点。

9. 什么是智能化综采工作面远程控制技术？

答：通过远程控制计算机进入记忆截割，采煤机在工作面按设定程序自动运行，自动调高、卧底、加速、减速；通过远程控制计算机，随时干预调整采煤机的运行。

10. 什么是智能化综采工作面连续推进技术？

答：煤层的起伏和地质环境的变化，导致设备的非可视测量成为技术难题，同时还要考虑采煤机截割时工作面煤尘对测量结果的影响，因此不能简单地采用地面常规的激光定位技术和经纬测量技术。可采用激光矩阵测量技术实现支架对齐的要求，从而保证输送机的平直度。

11. 综采工作面智能化开采的技术内涵是什么?

答：以“互联互通”的智能化综采装备为载体，以物联网技术、人工智能技术、大数据技术、云计算技术、通信技术等现代技术与煤矿生产技术的深度融合为基础，通过智能信息感知、智能信息分析决策、智能控制与反馈，实现具有人工智能特征的工作面自动化采煤技术。

12. 什么是薄煤层等高无人化智能开采技术?

答：等高无人化智能开采技术的关键设备是等高式采煤机，该采煤机是将传统的滚筒采煤机和刨煤机的优势结合在一起的创新设计，既具备传统采煤机的滚筒截割优势，又具备刨煤机链牵引、等采高、速度快等特性。采用和刨煤机相似的链牵引，整个采煤机除了截割电动机外，所有的电气控制设备都安设在工作面巷道内，大大缩小了采煤机的体积；同时，取消传统采煤机的摇臂，滚筒直接安装在机身上，不仅缩短了机身长度，更减少了摇臂的复杂传动装置，2 个滚筒等高的设计也易于实现自动化少人、无人化开采；等高采煤机机身高 885 mm，机身长 3 784 mm，过煤通道 486 mm，较为适应 1.4 m 以下的薄煤层安全高效开采。

13. 什么是中厚偏薄煤层透明自主智能开采技术?

答：通过对比工作面三维地质模型和点云实测模型，在综合分析煤层变化趋势、工作面平直度、当前割顶底情况、采煤机运行等大数据基础上，利用优化算法制定未来 10 刀的割煤策略，给出采煤机下一刀滚筒调整曲线，实现自主智能割煤。透明自主智能开采技术得到了系统性发展和应用推广，实现了中厚偏薄煤层自主智能割煤和可视化远程监控。

14. 什么是厚煤层采煤机器人智能开采技术?

答：采煤机器人具有自主行走、自适应预测截割和连续运行等特点。通过机身安装的摇臂角度传感器、机身俯仰角传感器、齿轮传感器等进行割煤数据感知，应用人工智能算法结合定位、采高、姿态等数据与人工操作经验交互，实时分析煤层地质数据及断面数据，建立工作面顶底板及煤层的三维模型,计算出最优截割轮廓线,并以数据形式反馈到采煤机自动化割煤程序中,实现采煤机器人自主自适应预测割煤,工程质量优于人工操作,智能化程度高,人工干预率低。

15. 什么是锚架联合加固技术?

答:锚架联合加固技术,即在锚杆支护的基础上在巷道围岩周边再架设钢棚支护,这样既发挥了锚杆从内部调动围岩承载能力的特点,又可以使巷道在发生一定的让压变形之后发挥钢棚的径向约束作用,并随围岩收缩而继续让压收缩,始终保持巷道承载结构的稳定性。

16. 什么是水力压裂技术?

答:低透气性煤层可积极实施井下煤层水力压裂增透抽采,利用穿层或顺层钻孔实施本煤层压裂或虚拟储层压裂,改善煤层透气性。在压裂过程中,高压水通过压裂钻孔注入煤层,水压超过煤层起裂压力后使煤体破裂产生裂隙,并沿垂直于地层最小主应力方向延伸,达到提高煤层透气性的目的。

17. 什么是超高压水射流割缝技术?

答:超高压水射流割缝技术通过高压水射流切割破碎煤岩体,可以在孔壁产生多条缝槽并排出煤粉,促使煤体大范围快速卸压,从而提高煤层透气性和降低煤层内部压力。

18. 什么是机械扩孔技术?

答:常用的机械扩孔技术有大直径钻孔、机械造穴等工艺,通过特殊的钻具及钻探工艺增大钻孔直径,扩大钻孔卸压和抽采影响范围,实现钻孔周围煤体增透。

19. 什么是深孔爆破技术?

答:深孔爆破技术利用爆炸作用对钻孔周围煤体产生物理破坏,诱导产生裂隙网络以提高煤层透气性,主要包括松动爆破、深孔聚能爆破和深孔预裂爆破技术等。

20. 什么是单轨吊自动化驾驶系统技术?

答:煤矿单轨吊机车无人驾驶系统是基于人工智能技术,面向井下低照度、危险环境的矿用单轨吊无人驾驶遥控系统。系统以高速无线通信及工业以太环网为传输平台,以矿用轨道运输监控(信集闭)系统为安全依托，采用井下 GIS 技术、图像识别处理技术和单轨吊机车安全运调技术，并结合单轨吊机车智能化控制的矿井安全生产运输综合监控系统，实现物料起吊自动化。

复习思考题

1. 什么叫智能化采矿技术？
2. 智能化采矿技术有哪些优势？
3. 什么是大采长、大储量综采工作面？
4. 综采工作面智能化开采的技术内涵是什么？
5. 大采深矿井最大的特点是什么？
6. 智能化采煤工作面辅助生产系统包含哪些内容？
7. 什么是超高压水射流割缝技术？
8. 什么是深孔爆破技术？

自　测　题

（共 100 分，80 分合格）

得分：________

一、判断题（每题 3 分，共 30 分）

1. 智能化采矿技术是指通过先进的机械化、智能化设备和系统，实现矿山生产过程的全面优化和控制。（　　）

2. 智能开采的显著特点是工作面设备和控制系统具有智能感知、智能控制、智能决策 3 个要素，即智能三要素。（　　）

3. 大采长、大储量综采工作面是指通过增加综采工作面宽度及推采长度，以此增加工作面储量，一般是采面长度超过 200 m 的壁式采煤工作面。（　　）

4. 透明自主智能开采技术得到了系统性发展和应用推广，实现了中厚偏薄煤层自主智能割煤和可视化远程监控。（　　）

5. 采煤机器人具有自主行走、自适应预测截割和连续运行等特点。（　　）

6. 高透气性煤层可积极实施井下煤层水力压裂增透抽采，利用穿层或顺层钻孔实施本煤层压裂或虚拟储层压裂，改善煤层透气性。（　　）

7. 超高压水射流割缝技术通过高压水射流切割破碎煤岩体，可以在孔壁产生多条缝槽并排出煤粉，促使煤体大范围慢速卸压，从而提高煤层透气性和降低煤层内部压力。（　　）

8. 常用的机械扩孔技术有小直径钻孔、机械造穴等工艺。（　　）

9. 深孔爆破技术利用爆炸作用对钻孔周围煤体产生物理破坏，诱导产生裂隙网络以提高煤层透气性，主要包括松动爆破、深孔聚能爆破和深孔预裂爆破技术等。（　　）

10. 煤矿单轨吊机车无人驾驶系统是基于人工智能技术，面向井下低照度、危险环境的矿用单轨吊无人驾驶遥控系统。（　　）

二、单选题(每题 3 分，共 30 分)

1. 智能化采矿技术采用先进的自动化设备，如无人驾驶的采矿车、自动化钻机等，实现矿山生产过程的自动化和（　　）。

A. 信息化　　B. 机械化　　C. 智能化

2. 通过自动化设备和智能化系统，减少（　　）干预，提高生产效率。

A. 技术　　B. 人工　　C. 设备

3. 通过自动化设备和智能化系统，减少人员伤亡和设备故障，提高（　　）。

A. 生产效率　　B. 施工质量　　C. 生产安全性

4. 大采长、大储量综采工作面是指通过增加综采工作面宽度及推采长度，以此增加工作面储量，一般是采面长度超过（　　）m 的壁式采煤工作面。

A. 200　　B. 300　　C. 400

5. 大采深矿井最大的特点就是矿压大，地质条件复杂，支护难度大，特别是对于深部(　　)巷道的支护。

A. 软岩　B. 中性岩　C. 硬岩

6. 可采用(　　)测量技术实现支架对齐的要求，从而保证输送机的平直度。

A. 激光　B. 矩阵　C. 激光矩阵

7. 等高采煤机机身高 885 mm，机身长 3 784 mm，过煤通道 486 mm，较为适应(　　) m 以下的薄煤层安全高效开采。

A. 0.8　B. 1.4　C. 2.0

8. 透明自主智能开采技术得到了系统性发展和应用推广，实现了(　　)煤层自主智能割煤和可视化远程监控。

A. 中厚偏薄　B. 厚　C. 薄

9. 低透气性煤层可积极实施井下煤层水力压裂增透抽采，利用穿层或顺层钻孔实施本煤层压裂或虚拟储层压裂，改善煤层(　　)。

A. 可采性　B. 黏结性　C. 透气性

10. 煤矿单轨吊机车无人驾驶系统是基于(　　)技术，面向井下低照度、危险环境的矿用单轨吊无人驾驶遥控系统。

A. 物联网　B. 人工智能　C. 5G

三、多选题(每题 4 分，共 40 分)

1. 智能化采矿技术是指通过先进的(　　)设备和系统，实现矿山生产过程的全面优化和控制。

A. 自动化　B. 机械化

C. 智能化　D. 可视化

2. 智能化采矿技术主要包括(　　)。

A. 信息化系统　B. 自动化设备

C. 智能化系统　D. 数据分析与优化

3. 智能化采矿技术的优势有(　　)。

A. 提高生产效率　B. 降低成本

C. 提高安全性　D. 减少对环境的影响

4. 智能化采煤工作面辅助生产系统包含(　　)等子系统。

A. 工作面照明　　B. 工作面语音

C. 通风和防灭火　　D. 智能安全监测

5. 智能开采的显著特点是工作面设备和控制系统具有（　　）3个要素，即智能三要素。

A. 智能分析　　B. 智能感知

C. 智能控制　　D. 智能决策

6. 通过远程控制计算机进入记忆截割，采煤机在工作面按设定程序自动运行，自动（　　）。

A. 调高　　B. 卧底

C. 加速　　D. 减速

7. 大采深矿井最大的特点就是（　　），特别是对于深部软岩巷道的支护，一直是近年来煤矿技术工作者研究的重点。

A. 矿压大　　B. 地质条件复杂

C. 热害大　　D. 支护难度大

8. 采煤机器人具有（　　）等特点。

A. 自主行走　　B. 自适应预测截割

C. 连续运行　　D. 高耗能

9. 常用的机械扩孔技术有（　　）等工艺，通过特殊的钻具及钻探工艺增大钻孔直径，扩大钻孔卸压和抽采影响范围，实现钻孔周围煤体增透。

A. 小直径钻孔　　B. 大直径钻孔

C. 机械造穴　　D. 人工造穴

10. 深孔爆破技术主要包括（　　）技术等。

A. 松动爆破　　B. 深孔聚能爆破

C. 远距离爆破　　D. 深孔预裂爆破

模块五　煤矿新设备

【学习提示】

为什么要学习煤矿新设备相关知识？首先，我国煤矿正向着自动化、智能化方向发展，煤矿企业不断引进新设备以提高煤矿安全生产技术水平，促进矿井本质安全；其次，煤矿企业谋求新设备的应用将有利于煤炭行业安全和健康发展，有利于职工身体健康和企业稳定；最后，煤矿企业推广使用新设备有利于改善作业环境，增强职工安全防护水平，提高企业经济效益。

通过学习近年来煤矿企业推广应用的采煤、掘进、"一通三防"、机电运输等专业领域的煤矿新设备，能够使我们了解煤矿新设备发展的现状和方向，并掌握相关的安全知识和操作技能。

1. 我国采煤机发展趋势是什么？

答：(1) 重型化。

(2) 信息化。

(3) 智能化。

2. 在长壁采煤工作面设计长度逐渐增加的情况下，提升采煤机效率最有效的手段是什么？

答：在长壁采煤工作面设计长度逐渐增加的情况下，提升采煤机牵引速度和加大总装机功率是最有效的手段，即截割功率大、采煤高度大、滚筒转速低、牵引速度高、截割深度大。

3. 液压支架发展趋势是什么？

答：(1) 多样化。

(2) 重型化。

(3) 智能化。

4. 什么是智能化液压支架?

答:智能化液压支架是机械、计算机、电子、通信、液压技术的集成应用,主要由地面监控、端头控制器、液压阀组、传感器、计算机、支架控制器等组成,通过收集传感器传输的各类信号,经过智能终端进行分析处理并进行指令决断,实现液压支架的无人化控制。

5. 什么是全断面硬岩掘进机?

答:全断面硬岩掘进机(简称 TBM)是集机械、电子、液压、激光、控制等技术于一体的高度机械化和自动化的大型巷道开挖成套设备,是一种由电动机驱动刀盘旋转、液压缸推进,使刀盘在一定推力作用下贴紧岩石壁面,通过安装在刀盘上的刀具破碎岩石,使巷道断面一次成型的大型工程机械。

6. 横轴悬臂式掘进机有什么优点?

答:(1) 横轴切割头更容易匹配硬岩的切割要求。

(2) 横轴切割头的截齿布置比纵轴切割头的截齿布置复杂得多,更利于切割岩石。

(3) 横轴切割头有相对较大的举升力,使有效的切割性能得到很大提升。

(4) 横轴切割头从无效的低输出切割动作到有效的切割性能的转变非常平衡,输出效率较高。

(5) 对于切割和装载作业同时进行,在相同动力电机下,横轴悬臂式掘进机的生产效率要高出纵轴悬臂式掘进机 30%左右。

7. 掘锚一体机主要组成部分有哪些?

答:掘锚一体机主要由悬臂式掘进机和锚钻机组组成。整机主要由切割机构、装运机构、行走机构、机体部、锚钻机构、支护机构和液压系统、电气系统等组成。

8. 单轨吊式锚护一体机主要组成部分有哪些?

答:单轨吊式锚护一体机主要由承载小车、驱动部、临时支护部、锚固平台、本体部、动力部等部分组成。

9. 连采机主要由哪些部分组成?

答:连采机主要由截割部、装煤部、运煤部和行走部以及液压系统、电气系统等组成。

10. 钻锚一体化智能快掘成套装备有什么特点?

答:钻锚一体化智能快掘成套装备突破了钻锚一体化锚杆及自动化施工系统,开发出自动喷涂支护工艺、材料及设备,研发出巷道随掘变形动态监测三大核心技术。

11. 智能掘进机有哪些新功能?

答:智能掘进机可实现智能定位与导向、煤岩智能识别、煤岩自适应截割、巷道自动成形、智能环境感知、智能检测、故障诊断等功能。

12. ZYWL 系列履带式钻机的用途有哪些?

答:可用于施工瓦斯抽采孔、注浆灭火孔、煤层注水孔、防突卸压孔、地质勘探孔及其他工程钻孔,尤其适用于高危环境下的钻孔施工。

13. ZDY6500LQK 型煤矿用履带式全断面钻机有什么优点?

答:该钻机是一款整体式、低孔位、大转矩、全断面履带式遥控钻机,能够实现远距离遥控操作,适用于顺层低孔位钻孔及穿层全断面钻孔,运输及调角时占用空间小,在薄煤层双层孔或多层孔施工、邻近层瓦斯抽采钻孔施工、穿层孔施工方面具有突出优势。

14. CMS 系列履带式钻车有哪些技术特点?

答:(1) 结构紧凑,全液压控制,操作方便灵活,履带行走、移位方便,机动性好,省时、省力,安全性能好。

(2) 液压系统配备快速推进功能,带有装卸钻杆的部件,降低了操作人员的劳动强度,提高施工效率 2 倍以上。

(3) 采用变量系统,空载转速快,随负载变化转速降低,扭矩逐步加大,钻进更加合理。

(4) 采用遥控、双臂结构,可实现一机多用或钻机群施工作业,有效提高钻孔效率,减少人员配置。

15. 大功率履带式定向钻机用途有哪些?

答:大功率履带式定向钻机可用于煤矿瓦斯抽采钻孔施工,也可用于井下探放水、地质构造和煤层厚度探测、煤层注水、顶底板注浆等各类高精度定向钻孔的施工,尤其在大直径高位孔施工方面具有突出优势,钻孔施工长度可达 1 000 m 以上。

16. 小功率履带式定向钻机用途有哪些?

答:适用于孔底马达定向钻进、孔口回转钻进以及复合钻进等多种施工工艺,可用于煤矿瓦斯抽采钻孔施工,也可用于井下探放水、地质构造和煤层厚度探测、煤层注水、顶底板注浆等各类300 m以内的高精度定向钻孔的施工,特别适用于薄煤层定向长钻孔、超前探瓦斯条带治理及掘进巷道“钻掘交替”超前探等定向施工。

17. PYC6Z型液压转子式混凝土喷射机由哪些部分构成?

答:PYC6Z型液压转子式混凝土喷射机主要由行走装置、料斗、锥形给料装置、喷射系统、液压泵站、气路系统、润滑系统及除尘器构成。

18. 多功能巷道修复机用途有哪些?

答:多功能巷道修复机既可挖掘、卧底、扩帮,又可破岩、铲运、清帮、吊装、平整巷道。

19. 新型转弯带式输送机有什么特点?

答:新型转弯带式输送机通常由普通带式输送机配合转弯装置来实现带式输送机转弯,具有巷道适应性强、减少设备安装数量及人员维护工作量等显著特点。

20. 井下无轨胶轮车有哪些特点?

答:(1) 新型无轨胶轮车与人体工学结合,将驾驶室设置在最上面,与各种废气进行了隔离,兼顾安全性和透气性,设有通风管道,使装置内、外温度保持不变,改善了工作环境。

(2) 设备的操作系统具有小巧灵活、操作方便的特点。

(3) 无轨胶轮车在坑坑洼洼的矿井中如履平地,效率较高。

(4) 使用方式灵活。

复习思考题

1. 我国采煤机发展趋势是什么?
2. 什么是智能化液压支架?
3. 什么是全断面硬岩掘进机?
4. 掘锚一体机主要组成部分有哪些?

5. 单轨吊式锚护一体机主要组成部分有哪些？

6. 钻锚一体化智能快掘成套装备有什么特点？

7. ZYWL 系列履带式钻机的用途有哪些？

8. ZDY6500LQK 型煤矿用履带式全断面钻机有什么优点？

9. PYC6Z 型液压转子式混凝土喷射机由哪些部分构成？

10. 井下无轨胶轮车有哪些特点？

自　测　题

（共 100 分，80 分合格）

得分：________

一、判断题(每题 3 分，共 30 分)

1. 我国采煤机发展趋势是大型化、信息化、智能化。　（　　）

2. 在长壁采煤工作面设计长度逐渐增加的情况下，提升采煤机牵引速度和加大总装机功率是最有效的手段。　（　　）

3. 掘锚一体机主要由悬臂式掘进机和支护机构组成。　（　　）

4. 钻锚一体化智能快掘成套装备突破了钻锚一体化锚杆及自动化施工系统，开发出自动喷涂支护工艺、材料及设备。　（　　）

5. ZYWL 系列履带式钻机尤其适用于高危环境下的钻孔施工。　（　　）

6. ZDY6500LQK 型煤矿用履带式全断面钻机在薄煤层双层孔或多层孔施工、邻近层瓦斯抽采钻孔施工、穿层孔施工方面不具有突出优势。　（　　）

7. 大功率履带式定向钻机钻孔施工长度可达 1 000 m 以上。　（　　）

8. 对于切割和装载作业同时进行，在相同动力电机下，横轴悬臂式掘进机的生产效率要高出纵轴悬臂式掘进机 40%左右。　（　　）

9. 新型转弯带式输送机通常由普通带式输送机配合转弯带式输送机来实现带式输送机转弯。　（　　）

10. 无轨胶轮车在坑坑洼洼的矿井中如履平地，效率较高。（　　）

二、单选题（每题 3 分，共 30 分）

1. 在长壁采煤工作面设计长度逐渐增加的情况下，提升采煤机（　　）和加大总装机功率是最有效的手段。

A. 采高　　B. 牵引速度　　C. 截割量

2. 智能化液压支架通过收集传感器传输的各类信号，经过智能终端进行分析处理并进行指令决断，实现液压支架的（　　）控制。

A. 信息化　　B. 智能化　　C. 无人化

3. 全断面硬岩掘进机是通过安装在刀盘上的（　　）破碎岩石，使巷道断面一次成型的大型工程机械。

A. 刀具　　B. 截齿　　C. 尖刀

4. 对于切割和装载作业同时进行，在相同动力电机下，横轴悬臂式掘进机的生产效率要高出纵轴悬臂式掘进机（　　）左右。

A. 20%　　B. 30%　　C. 40%

5. 横轴切割头有相对较大的（　　），使有效的切割性能得到很大提升。

A. 重力　　B. 举升力　　C. 挑升力

6. CMS 系列履带式钻车采用遥控、双臂结构，可实现一机多用或钻机群施工作业，有效提高（　　），减少人员配置。

A. 钻孔数量　　B. 钻孔速度　　C. 钻孔效率

7. 大功率履带式定向钻机尤其在大直径高位孔施工方面具有突出优势，钻孔施工长度可达（　　）m 以上。

A. 800　　B. 1 000　　C. 1 500

8. 小功率履带式定向钻机可用于井下探放水、地质构造和煤层厚度探测、煤层注水、顶底板注浆等各类（　　）m 以内的高精度定向钻孔的施工。

A. 200　　B. 250　　C. 300

9. 新型转弯带式输送机具有（　　）、减少设备安装数量及人员维护工作量等显著特点。

A. 安装便捷　　B. 巷道适应性强　　C. 施工速度快

10. 新型无轨胶轮车与人体工学结合，将(　　)设置在最上面，与各种废气进行了隔离。

A. 驾驶室　　B. 操作间　　C. 休息室

三、多选题(每题 4 分，共 40 分)

1. 提升采煤机牵引速度和加大总装机功率是最有效的手段，即(　　)、截割深度大。

A. 截割功率大　　B. 采煤高度大

C. 滚筒转速低　　D. 牵引速度高

2. 液压支架发展趋势是(　　)。

A. 多样化　　B. 重型化

C. 智能化　　D. 美观化

3. 全断面硬岩掘进机是集(　　)、控制等技术于一体的高度机械化和自动化的大型巷道开挖成套设备。

A. 机械　　B. 电子

C. 液压　　D. 激光

4. 掘锚一体机主要由(　　)组成。

A. 悬臂式掘进机　　B. 纵式掘进机

C. 横式掘进机　　D. 锚钻机组

5. 连采机主要由(　　)和行走部以及液压系统、电气系统等组成。

A. 牵引部　　B. 截割部

C. 装煤部　　D. 运煤部

6. 智能掘进机可实现智能定位与导向(　　)、智能检测、故障诊断等功能。

A. 煤岩智能识别　　B. 煤岩自适应截割

C. 巷道自动成形　　D. 智能环境感知

7. ZDY6500LQK 型煤矿用履带式全断面钻机是一款(　　)、全断面履带式遥控钻机，能够实现远距离遥控操作。

A. 整体式　　B. 低孔位

C. 高孔位　　D. 大转矩

8. 大功率履带式定向钻机可用于煤矿瓦斯抽采钻孔施工，也可用于(　　)等各类高精度定向钻孔的施工。

A. 井下探放水　　B. 地质构造和煤层厚度探测

C. 煤层注水　　D. 顶底板注浆

9. 新型转弯带式输送机具有(　　)等显著特点。

A. 巷道适应性强　　B. 减少设备安装数量

C. 节能减排　　D. 减少人员维护工作量

10. 新型无轨胶轮车设备的操作系统具有(　　)的特点。

A. 省水省电　　B. 价格便宜

C. 小巧灵活　　D. 操作方便

模块六　煤矿新工艺

【学习提示】

为什么要学习煤矿生产新工艺？首先，当今煤矿生产技术发展日新月异，煤矿新工艺不断涌现及投入使用，有力促进了煤矿安全生产；其次，新工艺优化了生产流程，提供了安全可靠的作业环境，为从业人员创造了安全舒适的工作条件，确保了人身健康和生命安全；最后，从业人员只有掌握新工艺的安全技术特性，才能更好地进行生产作业，更好地完成工作任务。

通过学习近年来煤矿企业推广应用的采煤、掘进、“一通三防”、机电运输等专业领域的新工艺，能够使我们了解煤矿新工艺发展的现状和方向，并掌握相关的安全知识和操作技能。

1. 倒台阶采煤法回采工艺有哪些程序？

答：(1) 落煤——风镐、爆破。

(2) 装运——煤自溜。

(3) 支护——人工，木支柱，设顶梁、底梁、护身板。

(4) 采空区处理——垮落法或充填法。

(5)“三板”——倒台阶工作面安全脚手板、护身板和溜煤板。

2. 倒台阶采煤法回采工艺有哪些优点？

答：巷道布置简单、掘进率低、通风系统简单、采出率高、对地质条件的适应性强。

3. 什么是正台阶采煤法？

答：正台阶采煤法是在急倾斜煤层的阶段或区段内，沿伪斜方向布置成上部超前的台阶形工作面，并沿走向推进的采煤方法。上一台阶面始终超前下一台阶面 1～2 个排距，形成正台阶工作面。

短壁工作面沿倾斜长 5 m 左右。从溜煤眼沿煤层按 25°伪倾角掘分段小斜巷，作为行人、通风、运料、溜煤的通道。

4. 正台阶采煤法回采工艺有哪些优点？

答：周期来压不明显，提高了工作面的安全可靠性；工作面位于采空区下方，不会积聚瓦斯，工作面浮煤少，采出率高，减少了采空区自然发火的隐患；对煤层厚度和倾角多变化、瓦斯含量大等地质条件适应性较强；巷道布置简单，掘进率低。

5. 水平(斜切)分层采煤法回采工艺有哪些程序？

答：(1) 落煤——打眼爆破或用风镐。

(2) 支护——采用金属支柱和铰接顶梁支护人工顶板。人工顶板一般用荆笆、竹笆、金属网。

6. 水平(斜切)分层采煤法回采工艺有哪些优点？

答：适应性强，适应煤层倾角和厚度的变化，采出率较高。

7. 伪倾斜柔性掩护支架采煤法回采工艺有哪些优点？

答：安全、劳动条件好；巷道布置简单，掘进率低；工序简单，可全天连续采煤；材料消耗低；采面较长，利于高产；技术经济指标较好。

8. 什么是水平分段放顶煤采煤法？

答：在急倾斜煤层中，按一定高度将煤层分成若干个分段，在分段的底部布置采煤工作面，先采出工作面底部的煤，随即放出上部的顶煤。

9. 什么是“三下一上”采煤方法？

答：即建筑物下、铁路下、水体下、承压水体上开采的方法。

10. 什么是沿空留巷围岩结构稳定性控制技术？

答：(1) 长壁工作面自开切眼向前推进一段距离后，悬露的基本顶关键块体出现断裂，断裂线相互贯通，块体沿断裂线回转、下沉进而形成结构块，接触矸石后形成能够自稳的沿空留巷外层结构，成为外层大结构。

(2) 形成巷道组合锚杆支护、巷旁充填墙体、巷内辅助加强支架“三位一体”的沿空留巷围岩整体支护原理，以及一套新型“三高”锚杆支护与自移式强力控顶支架辅助补强的留巷支护技术体系。

11. 什么是“三高”锚杆支护技术?

答:以抗剪切的超高强度杆体、高预紧力、系统高刚度为核心,选择超强杆体、高刚度护网、超大托盘、超强大扭矩阻尼螺母,实施大扭矩高预应力,提升主动承载能力,并向围岩扩散,形成高强主动高阻稳定的锚杆支护围岩承载结构。

12. 什么是巷旁充填工艺?

答:巷旁充填工艺系统包括地面干混充填料制备系统、地面至井下干混充填料泵站运输系统、充填泵料斗干混充填料上料系统、充填料浆的制备与泵送系统和充填支架模板系统。

充填工艺过程:由地面专门生产线按设计配比生产出干混充填材料,以袋装或专用集装箱散装运至井下泵站;用螺旋输送机或带式输送机将干混料送至充填泵料斗;在充填泵中加水搅拌均匀后经充填管路泵送至充填模内;充填料浆在充填模内自流平密实,自然养护,待硬化产生一定强度后拆模。

13. 切顶卸压沿空成巷施工工艺的内容是什么?

答:(1) 首采面上下平巷施工。

(2) 需留巷平巷工作面侧加固锚索及顶板预裂爆破钻孔施工(不一定是下平巷)。

(3) 远程实时监测系统布设。

(4) 工作面回采。

(5) 留巷平巷顶板预裂爆破定向切缝。

(6) 基本顶来压,断裂下沉,自动成巷。

(7) 留巷平巷预留作为下一工作面的一条平巷。

(8) 预留巷道防漏防火处理。

(9) 新工作面另一条平巷施工[同(2)]。

(10) 重复(3)～(9)。

14. 双向聚能张拉成型爆破新工艺的核心是什么?

答:在预裂线上施工炮孔,采用双向聚能装置装药,并使聚能方向对应于岩体预裂方向,爆轰产物将在两个设定方向上形成聚能流,并产生集中张拉应力,使预裂炮孔沿聚能方向贯穿,形成预裂面。

15. TBM 施工主要工艺流程是什么?

答:(1) TBM 掘进、出矸。

(2) 前移盾体(换步调向)。

(3) 临时支护。

(4) 支护作业。

(5) 喷浆封闭。

16. 底抽巷穿层钻孔预抽煤层瓦斯区域治理“十位一体”作业工艺的内容是什么?

答:底抽巷穿层钻孔预抽煤层瓦斯区域治理“十位一体”作业工艺,包括巷、钻、冲、分、计、运、筛、封、监、抽 10 个环节。

17. 什么是二次封孔工艺?

答:微细膨胀粉料颗粒材料由水泥、黄泥和工业淀粉等原料按照一定比例配制而成,与其配套的封堵方法为二次封孔工艺。

18. 什么是远距离喷浆工艺?

答:远距离喷浆工艺是在现有井下喷浆工艺及喷浆设备基础上,利用锥形给料装置,通过锥面贴合进行密封,采用叶片轮与气料室结构排料,水平最大喷射距离可达 800 m 的高效无尘化喷浆工艺。在实际应用中,对远程喷浆机进行了优化和改进,以发挥其最大效能。

19. 综采工作面安装工艺流程有哪些?

答:(1) 安装工序:① 地面准备;② 井下准备;③ 安装顺序。

(2) 设备安装:① 输送机安装;② 支架安装;③ 采煤机安装。

20. 综采工作面回撤工艺流程有哪些?

答:(1) 准备工序:准备工序与安装期间的工序基本相同,不再赘述。

(2) 设备拆除:① 输送机拆除;② 采煤机拆除;③ 液压支架拆除;④ 掩护支架移架。

复习思考题

1. 倒台阶采煤法回采工艺有哪些优点?

2. 正台阶采煤法回采工艺有哪些优点?

3. 什么是水平分段放顶煤采煤法?

4. 什么是“三下一上”采煤方法?

5. 什么是沿空留巷围岩结构稳定性控制技术?

6. 什么是“三高”锚杆支护技术?

7. 什么是巷旁充填工艺?

8. TBM 施工主要工艺流程是什么?

9. 综采工作面安装工艺流程有哪些?

10. 综采工作面回撤工艺流程有哪些?

自　测　题

(共 100 分,80 分合格)

得分:________

一、判断题(每题 3 分,共 30 分)

1. 正台阶采煤法回采工艺工作面位于采空区下方,不会积聚瓦斯,工作面浮煤少,采出率高,减少了采空区自然发火的隐患。(　　)

2. 水平(斜切)分层采煤法回采工艺适应性强,适应煤层倾角和厚度的变化,但采出率不高。(　　)

3. 伪倾斜柔性掩护支架采煤法回采工艺工序简单,可全天连续采煤。(　　)

4. 建筑物下、铁路下、水体下、承压顶板上开采为“三下一上”采煤方法。(　　)

5. 巷道组合锚杆支护、巷旁充填墙体、巷内辅助加强支架“三位一体”是沿空留巷围岩整体支护原理。(　　)

6. 正台阶采煤法周期来压明显,降低了工作面的安全可靠性。(　　)

7. 切顶卸压沿空成巷施工工艺内容之一是留巷平巷预留作为下一工作面的一条平巷。(　　)

8. 使预裂炮孔沿聚能方向贯穿，形成预裂面是双向聚能张拉成型爆破新工艺的核心内容之一。 （ ）

9. 微细膨胀粉料颗粒材料由水泥、黄泥和工业淀粉等原料按照一定比例配制而成，与其配套的封堵方法为三次封孔工艺。 （ ）

10. 综采工作面回撤设备拆除工艺流程为：① 输送机拆除；② 液压支架拆除；③ 采煤机拆除；④ 掩护支架移架拆除。 （ ）

二、单选题（每题 3 分，共 30 分）

1. 正台阶采煤法从溜煤眼沿煤层按（ ）伪倾角掘分段小斜巷。

A. 15° B. 25° C. 35°

2. 水平分段放顶煤采煤法在急倾斜煤层中，按一定高度将煤层分成若干个（ ）。

A. 分段 B. 块段 C. 区段

3. “三高”锚杆支护技术以抗（ ）的超高强度杆体、高预紧力、系统高刚度为核心。

A. 拉力 B. 剪切 C. 压力

4. 巷旁充填工艺由（ ）专门生产线按设计配比生产出干混充填材料。

A. 地面 B. 井下 C. 制浆站

5. 留巷平巷顶板（ ）爆破定向切缝是切顶卸压沿空成巷施工工艺的内容之一。

A. 开裂 B. 预裂 C. 崩裂

6. 在预裂线上施工炮孔，采用双向聚能装置装药，并使聚能方向对应于岩体预裂方向，爆轰产物将在两个设定方向上形成（ ），并产生集中张拉应力，使预裂炮孔沿聚能方向贯穿，形成预裂面是双向聚能张拉成型爆破新工艺的核心。

A. 散能流 B. 辐射流 C. 聚能流

7. 底抽巷穿层钻孔预抽煤层瓦斯区域治理应该采取（ ）作业工艺。

A. “四位一体” B. “五位一体” C. “十位一体”

8. 微细膨胀粉料颗粒材料由水泥、黄泥和工业淀粉等原料按照一定比例配制而成，与其配套的封堵方法为（　　）。

A. 一次封孔工艺　　B. 二次封孔工艺　　C. 三次封孔工艺

9. 远距离喷浆工艺是在现有井下喷浆工艺及喷浆设备基础上，利用锥形给料装置，通过锥面贴合进行密封，采用叶片轮与气料室结构排料，水平最大喷射距离可达（　　）m 的高效无尘化喷浆工艺。

A. 600　　B. 700　　C. 800

10. 综采工作面设备安装工艺流程为（　　）。

A. ① 输送机安装；② 支架安装；③ 采煤机安装

B. ① 支架安装；② 输送机安装；③ 采煤机安装

C. ① 输送机安装；② 采煤机安装；③ 支架安装

三、多选题（每题 4 分，共 40 分）

1. 正台阶采煤法从溜煤眼沿煤层按 25°伪倾角掘分段小斜巷，作为（　　）的通道。

A. 行人　　B. 通风

C. 运料　　D. 溜煤

2. “三下一上”采煤方法，即（　　）、承压水体上开采。

A. 建筑物下　　B. 公路下

C. 铁路下　　D. 水体下

3. “三高”锚杆支护技术以抗剪切的超高强度杆体、高预紧力、系统高刚度为核心，选择（　　）、超强大扭矩阻尼螺母，实施大扭矩高预应力，提升主动承载能力，并向围岩扩散，形成高强主动高阻稳定的锚杆支护围岩承载结构。

A. 高强度锚网　　B. 超强杆体

C. 高刚度护网　　D. 超大托盘

4. 巷旁充填工艺系统包括（　　）、充填料浆的制备与泵送系统和充填支架模板系统。

A. 地面干混充填料制备系统

B. 地面至井下干混充填料泵站运输系统

C. 充填泵料斗干混充填料上料系统

D. 成料成型系统

5. 巷旁充填工艺过程:由地面专门生产线按设计配比生产出干混充填材料,以袋装或专用集装箱散装运至井下泵站;(　　);充填料浆在充填模内自流平密实,自然养护,待硬化产生一定强度后拆模。

A. 用螺旋输送机或带式输送机将干混料送至充填泵料斗

B. 在充填泵中加水搅拌均匀后经充填管路泵送至充填模内

C. 充填料在充填模成型

D. 充填料顺利进入使用地点

6. 双向聚能张拉成型爆破新工艺的核心是(　　)。

A. 在预裂线上施工炮孔,采用双向聚能装置装药

B. 使聚能方向对应于岩体预裂方向

C. 爆轰产物将在两个设定方向上形成聚能流,并产生集中张拉应力

D. 使预裂炮孔沿聚能方向贯穿,形成预裂面

7. TBM 施工主要工艺流程是:TBM 掘进、出矸;(　　);喷浆封闭。

A. 敲帮问顶　　B. 前移盾体(换步调向)

C. 临时支护　　D. 支护作业

8. 底抽巷穿层钻孔预抽煤层瓦斯区域治理“十位一体”作业工艺,包括(　　)、冲、分、计、运、筛、封、监、抽 10 个环节。

A. 巷　　B. 打

C. 钻　　D. 离

9. 微细膨胀粉料颗粒材料由(　　)等原料按照一定比例配制而成。

A. 水泥　　B. 黄泥

C. 膨胀剂　　D. 工业淀粉

10. 远距离喷浆工艺是在现有井下喷浆工艺及喷浆设备基础上,(　　)工艺。

A. 利用锥形给料装置

B. 通过锥面贴合进行密封

C. 采用叶片轮与气料室结构排料

D. 水平最大喷射距离可达 800 m 的高效无尘化喷浆

模块七　煤矿新材料

【学习提示】

为什么要学习煤矿生产新材料？首先，当今煤矿生产技术发展日新月异，煤矿新材料不断涌现及投入使用，有力促进了煤矿安全生产；其次，新材料优化了生产流程，提供了安全可靠的作业环境，为从业人员创造了安全舒适的工作条件，确保了人身健康和生命安全；最后，从业人员只有掌握新材料的安全技术特性，才能更好地进行生产作业，更好地完成工作任务。

通过学习近年来煤矿企业推广应用的采煤、掘进、“一通三防”、机电运输等专业领域的新材料，能够使我们了解煤矿新材料发展的现状和方向，并掌握相关的安全知识和操作技能。

1. 什么是水泥基煤矿注浆材料？

答：水泥基煤矿注浆材料主要成分为含铝量比较高的超细水泥熟料粉，其特点是碱度低、固化温度低、耐酸耐腐蚀、早期强度高、体积微膨胀，在煤矿快速注浆加固和超高水充填开采中已被广泛应用，并取得了良好的经济效益。与其他加固材料相比，价格低、施工方便、效果好。

2. 什么是 LFM 轻型充填材料？

答：这种材料在保持一定的堆积强度和具有相当柔性承压性能的基础上，其充填 1 m^3 的空间只需要 100～120 kg 的材料，用时 6～8 min，充填效率高；充填材料成型后质量很轻，1 m^3 的质量只有 320～400 kg；充填过程无须另行购置专用设备；材料无毒副作用，充填成本远低于高分子泡沫材料，符合轻质、密封、承重、高效、环保的要求，能够完成有煤炭自燃隐患和瓦斯矿井的充填、密封、堵漏等诸多任务。

3. 什么是盖尼克无机自发泡充填材料？

答：盖尼克无机自发泡充填材料为完全无机材料，绝对阻燃抗静电，不燃烧也不助燃。采用了创新性的发泡技术，实现了无机成分材料常温化学自发泡及常温固化过程，相较于有机高分子材料，成本低、不放热、安全性好，符合轻质、密封、承重、高效、环保的要求。特别适用于井下上下隅角、采空区、冒顶区等与煤接触的破碎区、空洞区以及漏风通道的充填封堵。

4. 什么是酚醛树脂加固充填材料?

答：酚醛树脂充填材料，由树脂和固化剂两种组分组成，是设计应用于煤矿井下空间充填、构筑密闭用的分子泡沫。采用气动泵和混合枪将树脂和催化剂按 4∶1 体积比进行现场充填施工，树脂和固化剂经混合均匀发生反应，膨胀至原体积的 10～20 倍，并固化形成具有良好隔气性的泡沫，泡沫成型后能稳定、不破裂。

适用范围：① 工作面采空区灭火；② 承压范围内的永久密闭；③ 井下有害气体的堵截；④ 瓦斯抽排巷高位钻场充填及密闭；⑤ 中空充填及巷道、工作面的冒顶充填；⑥ 沿空留巷支架的壁后充填和沿空掘巷的小煤柱裂隙封堵；⑦ 加固裂隙煤岩体、巷道、采掘工作面；⑧ 加固断层破碎带及陷落柱、不稳定地层等。

5. 什么是高水速凝材料?

答：高水速凝材料是选用铝矾土、石灰和石膏为主要原料，配以多种无机原料和附加剂，经磨细、均化等工艺，配制而成的甲、乙两种粉料的水硬性胶结材料。

6. 什么是高性能双液无机注浆材料?

答：高性能双液无机注浆材料采用的是 A、B 两种组分的无机材料，A 组分以超细硫铝酸盐水泥为主，B 组分以硬石膏和生石灰为主，并在各组分中添加适当添加剂而成，呈干粉状，使用时按设计水灰比加水搅拌，进行注浆加固。

7. 什么是高强耐磨料?

答：高强耐磨料是一种水泥基干粉材料，由级配合理的非金属骨料、高强复合水泥、矿物掺和料以及特种外加剂按一定比例经工业化生产配制而成。

8. 什么是微晶铸石板材?

答:微晶铸石板材是利用工业废渣(钢玉粉、玄武岩、冶金渣、选矿尾砂等)为主要原料,进行科学配料,经高温熔炼、浇铸压延成型、受控成核晶化而成的一种强度高、耐磨耐腐蚀的高科技工业防护材料。

微晶铸石薄型板可用于煤炭行业的防磨设备,如分煤箱、储煤仓、溜槽、落煤斗等。

9. 什么是铸石板?

答:铸石板是以天然岩石如辉绿岩、玄武岩等或工业废渣为原料,加入一定的附加剂如角目岩、白云岩、萤石等,结晶剂如铬铁矿、钛镁矿等,经熔化、浇铸、结晶、退火等工序加工而成的一种非金属耐腐蚀材料。

10. 煤矿井下瓦斯抽采钻孔的封堵材料主要有哪些?

答:煤矿井下瓦斯抽采钻孔的封堵材料主要有水泥砂浆、矿用高分子材料、改性水泥、柔性膏体材料、微细膨胀粉料颗粒材料等,结合注浆封孔、囊袋式或封孔器封孔、"两堵一注"带压封孔、动压二次封孔等工艺,在特定的煤矿井下瓦斯地质与工程条件下具有不同的适用性。

11. 什么是高水复合材料?

答:高水复合材料以硫铝酸盐水泥熟料和悬浮剂为基料,以石膏、生石灰、速凝剂等为辅料,使用时按照一定的水灰比配制成浆液,待充分混合均匀后,经注浆泵输送至钻孔的封孔段内。

12. 什么是新型 CF 封堵材料?

答:新型 CF 封堵材料主要由普通硅酸盐水泥、石膏等无机添加剂组成,具备高水材料的优点,同时具有较高的抗压抗变形能力。

13. 什么是 PD 复合封堵材料?

答:PD 复合封堵材料是近年来新兴的一种瓦斯抽采钻孔封堵材料,其与高水复合材料、新型 CF 封堵材料相似,均以水泥为基料,不同之处在于其采用了先进的微胶囊化技术,可实现浆液在钻孔周围煤(岩)体裂隙系统内缓慢渗透,并在此过程中逐渐凝固、膨胀,从而实现对裂隙的高效封堵。

14. 什么是纳米扩散膨胀剂?

答:纳米扩散膨胀剂是以硅酸盐无机材料和纳米氧化物为主要成分的新型封孔材料,在使用过程中通过注浆系统能够更好地注入煤岩体微裂隙内部,具有更强的渗透性和黏结性。

15. 什么是微细膨胀粉料颗粒材料?

答:微细膨胀粉料颗粒材料由水泥、黄泥和工业淀粉等原料按照一定比例配制而成,与其配套的封堵方法为二次封孔工艺。

16. 什么是威尔浮注浆加固材料?

答:威尔浮注浆加固材料是一种高分子聚合物,由体积相等的 A、B 两种化学材料组成。该材料具有较好的渗透性,与煤岩体有较高的黏合力。一般采用专用的压注设备将 A、B 两种化学原料等量压注到破碎煤岩体内,经充分混合后发生一系列复杂的化学反应,生成对煤岩体具有较高黏结性的有机弹性体,人为改善松软破碎煤岩体的物理力学性能。有机弹性体在破碎煤岩体内膨胀、渗透、充满整个裂隙面形成网络骨架,起到补强加固、充填密实的作用,在高压作用下甚至涨开、涨大微小的节理发育层面,使浆液充填所有的裂隙。

17. 什么是波雷因注浆材料?

答:波雷因是一种有机高分子双液型改性聚氨酯注浆材料,在注浆过程中的最高反应温度不超过 120 ℃,通过加入高效抗氧剂,将其反应生成物的抗氧化温度提高到 135 ℃左右,可以有效解决聚氨酯类注浆材料容易自燃的难题。波雷因材料由 A、B 两种液体组分组成,施工时按 1∶1 的质量比充分混合后,其膨胀系数为 2～3 倍,如遇水则膨胀倍数可达 15 倍。

18. 什么是 RF 固邦特加固材料?

答:RF 固邦特加固材料是由 A、B 两种材料组成的高分子复合加固材料,主要用于岩(煤)层的加固和裂隙的封闭。

19. 什么是马丽散?

答:马丽散是一种低黏度、双组分合成高分子聚亚胺胶酯材料,具有高度黏合力和很好的机械性能,与岩层高度黏合,寿命长。马丽散注入岩层后,低黏度混合物保持液体状态几秒钟,渗透进入细小的裂缝后发生膨胀和黏结，将垮落区内松散岩石胶结在一起，有效地加固围岩松动圈，提高围岩的整体承载能力。

20. 什么是聚乙烯托辊？

答：聚乙烯托辊是以塑代钢的技术产品，主要原料是超高分子量聚乙烯，并根据托辊表面材料的变化，对其制造结构也做了相应改变，使其耐磨、转动等系数得到提高，与金属托辊或陶瓷托辊相比，使用性能上具有诸多优势。

复习思考题

1. 什么是水泥基煤矿注浆材料？
2. 什么是盖尼克无机自发泡充填材料？
3. 什么是酚醛树脂加固充填材料？
4. 什么是高性能双液无机注浆材料？
5. 什么是微晶铸石板材？
6. 煤矿井下瓦斯抽采钻孔的封堵材料主要有哪些？
7. 什么是高水复合材料？
8. 什么是纳米扩散膨胀剂？
9. 什么是波雷因注浆材料？
10. 什么是马丽散？

自 测 题

（共 100 分，80 分合格）

得分：________

一、判断题（每题 3 分，共 30 分）

1. 水泥基煤矿注浆材料主要成分为含硅量比较高的超细水泥熟料粉。 （　）

2. LFM 轻型充填材料在保持一定的堆积强度和具有相当柔性承

压性能的基础上，其充填 1 m^3 的空间只需要 100～120 kg 的材料，用时 6～8 min，充填效率高。（　　）

3. 盖尼克有机自发泡充填材料为完全有机材料，绝对阻燃抗静电，不燃烧也不助燃。（　　）

4. 高强耐磨料是一种水泥基干粉材料，由级配合理的非金属骨料、高强复合水泥、矿物掺和料以及特种外加剂按一定比例经工业化生产配制而成。（　　）

5. 微晶铸石薄型板可用于煤炭行业的防腐设备，如分煤箱、储煤仓、溜槽、落煤斗等。（　　）

6. 煤矿井下瓦斯抽采钻孔的封堵材料在特定的煤矿井下瓦斯地质与工程条件下具有不同的适用性。（　　）

7. 波雷因材料由 A、B 两种液体组分组成，施工时按 1∶1 的质量比充分混合后，其膨胀系数为 2～3 倍，如遇水则膨胀倍数可达 50 倍。（　　）

8. RF 固邦特加固材料主要用于岩（煤）层的加固和裂隙的封闭。（　　）

9. 马丽散注入岩层后，高黏度混合物保持液体状态几秒钟，渗透进入细小的裂缝后发生膨胀和黏结，将垮落区内松散岩石胶结在一起，有效地加固围岩松动圈，提高围岩的整体承载能力。（　　）

10. 聚乙烯托辊是以塑代钢的技术产品，主要原料是超高分子量聚乙烯。（　　）

二、单选题（每题 3 分，共 30 分）

1. 水泥基煤矿（　　）材料在煤矿快速注浆加固和超高水充填开采中已被广泛应用，并取得了良好的经济效益。

A. 注浆　　B. 混合　　C. 化学

2. LFM 轻型充填材料成型后质量很轻，1 m^3 的质量只有（　　）kg。

A. 220～300　　B. 320～400　　C. 380～450

3. 采用气动泵和混合枪将树脂和催化剂按 4∶1 体积比进行现场

充填施工，树脂和固化剂经混合均匀发生反应，膨胀至原体积的(　　)倍。

A. 10～20　　B. 20～30　　C. 30～40

4. 高强耐磨料是一种(　　)材料，由级配合理的非金属骨料、高强复合水泥、矿物掺和料以及特种外加剂按一定比例经工业化生产配制而成。

A. 水泥基粉　　B. 水泥干粉　　C. 水泥基干粉

5. 铸石板是以天然岩石如辉绿岩、玄武岩等或工业(　　)为原料。

A. 废渣　　B. 废水　　C. 废料

6. 高水复合材料使用时按照一定的(　　)配制成浆液，待充分混合均匀后，经注浆泵输送至钻孔的封孔段内。

A. 水砂比　　B. 水灰比　　C. 水泥比

7. 纳米扩散膨胀剂是以硅酸盐无机材料和纳米氧化物为主要成分的新型(　　)材料。

A. 封孔　　B. 注浆　　C. 充填

8. 威尔浮注浆加固材料是一种(　　)，由体积相等的 A、B 两种化学材料组成。

A. 高分子化合物　　B. 高分子有机物　　C. 高分子聚合物

9. RF 固邦特加固材料是由 A、B 两种材料组成的高分子复合加固材料，主要用于(　　)的加固和裂隙的封闭。

A. 密闭墙　　B. 岩(煤)层　　C. 防火墙

10. 聚乙烯托辊是(　　)的技术产品，主要原料是超高分子量聚乙烯。

A. 以塑代钢　　B. 化工　　C. 创新

三、多选题(每题 4 分，共 40 分)

1. 水泥基煤矿注浆材料与其他加固材料相比，(　　)。

A. 质量优　　B. 价格低

C. 施工方便　　D. 效果好

2. 盖尼克无机自发泡充填材料符合(　　)、环保的要求。

A. 轻质　　B. 密封

C. 承重　　D. 高效

3. 酚醛树脂充填材料,由树脂和固化剂两种组分组成,是设计应用于煤矿井下(　　)用的分子泡沫。

A. 空间充填　　B. 防灭火

C. 构筑密闭　　D. 防治水

4. 高水速凝材料是选用(　　)为主要原料,配以多种无机原料和附加剂,经磨细、均化等工艺,配制而成的甲、乙两种粉料的水硬性胶结材料。

A. 铝矾土　　B. 石灰

C. 水泥　　D. 石膏

5. 高强耐磨料是一种水泥基干粉材料,由级配合理的(　　)以及特种外加剂按一定比例经工业化生产配制而成。

A. 石灰料　　B. 非金属骨料

C. 高强复合水泥　　D. 矿物掺和料

6. 微晶铸石薄型板可用于煤炭行业的防磨设备,如(　　)等。

A. 分煤箱　　B. 储煤仓

C. 溜槽　　D. 落煤斗

7. 微细膨胀粉料颗粒材料由(　　)等原料按照一定比例配制而成,与其配套的封堵方法为二次封孔工艺。

A. 水泥　　B. 黄沙

C. 黄泥　　D. 工业淀粉

8. 威尔浮注浆加固材料有机弹性体在破碎煤岩体内膨胀、渗透、充满整个裂隙面形成网络骨架,起到(　　)的作用。

A. 凝结　　B. 补强加固

C. 固化　　D. 充填密实

9. 新型 CF 封堵材料主要由(　　)等无机添加剂组成,具备高水材料的优点,同时具有较高的抗压抗变形能力。

A. 黄泥　　B. 普通硅酸盐水泥

C. 石膏　　D. 工业淀粉

10. PD复合封堵材料与(　　)相似,均以水泥为基料。

A. 高水复合材料　　B. LFM轻型充填材料

C. 新型CF封堵材料　　D. 酚醛树脂加固充填材料

第　二　篇

煤矿从业人员必知必会必禁知识

模块八　煤矿井下常见"三违"行为及其防治

【学习提示】

我们为什么要学习煤矿井下常见"三违"行为及其防治知识？"三违"行为极易导致事故，而事故带来的影响是深远的，损失是难以估量的，会给个人、家庭带来巨大的伤痛，给企业、社会造成巨大的损失。因此，要保障个人的安全健康和家庭的幸福，保障企业的长治久安和社会的和谐稳定，就要遏制各类事故的发生，而遏制事故发生的关键就是杜绝"三违"。"三违"行为已成为严重威胁职工生命安全健康，影响企业形象和制约企业安全发展的顽症，因此对"三违"行为绝不能宽恕、忽视，我们只有坚决与"三违"行为做斗争，坚决反"三违"，才能确保个人的安全健康和矿井的安全生产。

工人师傅们，请您对照本章所列"三违"行为进行自评，如您知晓该违章行为及防治措施请打√；如您不知晓该违章行为及防治措施请打×，然后对照防治措施进行"三违"行为重点防治。

一、煤矿常见公共"三违"行为及其防治

1. 煤矿常见公共严重"三违"行为有哪些？如何防治？

答：常见公共严重"三违"行为有：

(1) 酒后入井、井下岗位饮酒。

(2) 携带烟酒、点火物品入井(有措施烧焊作业除外)。

(3) 无设计、无措施安排施工。

(4) 责令停止生产的工作面仍继续生产。

(5) 特种作业人员班中脱岗或睡觉。

(6) 因工作原因对安监员、爆破工、防突员、防爆检查员等进行打击报复。

(7) 人为损坏“一通三防”、机电运输等安全生产设施。

(8) 擅自进入盲巷、注氮工作面上(下)隅角或栅栏内。

(9) 扒、蹬、跳车。

(10) 干部发现违章不制止或带头违章。

(11) 现场隐患不整改,继续作业。

(12) 未按规定使用炮泥和水炮泥,工作面当班装药后未进行爆破。

(13) 工作面放明炮或放糊炮,未按规定处理残瞎炮,在旧眼、残眼中打眼。未按设计规定设置爆破警戒。

(14) 爆破母线不及时收起,不短接,爆破线长度不够,爆破线有破口或接头继续使用。

(15) 雷管脚线不吊挂、不避开导体,擅自剪用雷管脚线造成雷管报废。雷管脚线未按规定扭结成短路,雷管与导电体接触。

(16) 不按规定制作、装配引药。

(17) 火工品乱扔乱放,爆破材料箱未放置在警戒线以外,距机械和电气设备安全距离不足。

(18) 剩余火工品及背运的火工品箱当班未返库。

(19) 不执行“一炮三检”和“三人连锁爆破”制度。

防治措施:

(1) 严禁酒后入井、严禁井下岗位饮酒。

(2) 严禁携带烟酒、点火物品入井(有措施烧焊作业除外)。

(3) 安排施工必须编制设计或措施。

(4) 责令停止生产的工作面严禁继续生产。

(5) 严禁特种作业人员班中脱岗或睡觉。

(6) 严禁对安监员、爆破工、防突员、防爆检查员等进行打击报复。

(7) 严禁损坏“一通三防”、机电运输等安全生产设施。

(8) 严禁人员擅自进入盲巷、注氮工作面上(下)隅角或栅栏内。

(9) 严禁发生扒、蹬、跳车行为。

(10) 严禁干部发现违章不制止或带头违章。

(11) 现场隐患不整改的,严禁继续作业。

(12) 严格按规定使用炮泥和水炮泥,严禁工作面当班装药后不爆破。

(13) 严禁工作面放明炮或放糊炮,严格按规定处理残瞎炮,严禁在旧眼、残眼中打眼。严格按设计规定设置爆破警戒。

(14) 爆破后爆破母线必须及时收起,爆破母线必须短接,爆破线长度必须符合规定,爆破线有破口或接头的严禁继续使用。

(15) 雷管脚线必须吊挂且避开导体,严禁擅自剪用雷管脚线。雷管脚线必须按规定扭结成短路,雷管与导电体严禁接触。

(16) 严格按规定制作、装配引药。

(17) 火工品严禁乱扔乱放,爆破材料箱必须放置在警戒线以外,距机械和电气设备安全距离必须符合规定。

(18) 剩余火工品及背运的火工品箱当班必须及时返回爆破器材库。

(19) 爆破作业时必须严格执行“一炮三检”和“三人连锁爆破”制度。

2. 公共习惯性违章行为有哪些?如何防治?

答:公共习惯性违章行为有:

(1) 不随身携带自救器或穿戴化纤衣服入井,下井携带手机或其他电子物品(防爆仪器除外)。

(2) 井下作业人员不佩戴劳动保护用品。

(3) 拒不执行入井检身制度。

(4) 违规乘车、罐笼、钢带机、缆车等,携带超长超重物件乘坐人车、钢带机、缆车等。

(5) 违规走绞车道。

(6) 违规乘坐电机车机头。

(7) 敲帮问顶不使用专用工具。

(8) 用过的棉纱、布头不用铁桶盛装,乱扔乱放。

(9) 生产工作面手图未按规定及时对单帮、迎头、施工进展进行描述。

防治措施：

（1）入井必须随身携带自救器或严禁穿戴化纤衣服，下井严禁携带手机或其他电子物品（防爆仪器除外）。

（2）井下作业人员必须佩戴劳动保护用品。

（3）必须严格执行入井检身制度。

（4）严禁违规乘车、罐笼、钢带机、缆车等，严禁携带超长超重物件乘坐人车、钢带机、缆车等。

（5）严禁违规走绞车道。

（6）严禁违规乘坐电机车机头。

（7）敲帮问顶必须使用专用工具。

（8）用过的棉纱、布头必须用铁桶盛装，严禁乱扔乱放。

（9）生产工作面手图必须按规定及时对单帮、迎头、施工进展进行描述。

入井前的准备	入井安全注意事项	乘坐罐笼的 安全注意事项	乘坐人车的 安全注意事项

乘坐架空人车的 安全注意事项	井下行走的 安全注意事项	煤矿井下 安全设施	禁止标志

警告标志	指令标志	路标、名牌、提示标志

二、采掘专业“三违”行为及其防治

3. 采掘专业严重“三违”行为有哪些？如何防治？

答：采掘专业严重“三违”行为有：

（1）工作面承载单体支柱未按规定采取防倒措施或穿鞋。

（2）工作面端头或上下两道有连续3根失效（缺失）在用单体支柱，没有进行处理，棚梁少于一梁三柱支护。

（3）工作面及两巷超前联网质量差，切顶线处缺少单体支柱。

（4）工作面硬帮爆破，未对设备采取防护措施。

（5）采煤机滚筒上、下3 m机道范围内有人而启动采煤机。采煤机运行时，人员进入滚筒上、下3 m机道范围内。

（6）推移工作面输送机时，煤壁侧有人作业。

（7）转载机运行时，在未封闭段进行挑、翻棚作业。

（8）不经“过桥”而直接跨越运行中的输送机。

（9）翻棚作业时，未执行“先备后翻”或爆破崩棚子，恢复巷道不由外向里逐架施工。

（10）防冲、防突、防治水允掘牌板未按规定安设或填写。

（11）处理堵塞的喷浆管时，喷射枪口对准自己或他人。

（12）综掘机回转台前方有人而启动综掘机。综掘机运行时，人员进入回转台前方。

（13）耙装机耙矸时，人员进入耙斗运行范围内。

（14）耙装机的耙斗导向轮固定在支护锚杆或金属支架上。

（15）上山耙装机的固定未达到规程要求。

（16）围岩破碎时不及时使用前探支护。

（17）未进行敲帮问顶就进行作业。

防治措施：

（1）工作面承载单体支柱必须按规定采取防倒措施或穿鞋。

（2）工作面端头或上下两道严禁有连续 3 根失效（缺失）在用单体支柱，否则必须进行处理，严禁棚梁少于一梁三柱支护。

（3）工作面及两巷超前联网质量必须符合作业规程规定，切顶线处严禁缺少单体支柱。

（4）工作面硬帮爆破时，必须对设备采取防护措施。

（5）严禁采煤机滚筒上、下 3 m 机道范围内有人而启动采煤机。采煤机运行时，严禁人员进入滚筒上、下 3 m 机道范围内。

(6) 推移工作面输送机时,煤壁侧严禁有人作业。

(7) 转载机运行时,严禁在未封闭段进行挑、翻棚作业。

(8) 严禁不经“过桥”而直接跨越运行中的输送机。

(9) 翻棚作业时,必须执行“先备后翻”,严禁爆破崩棚子,恢复巷道必须由外向里逐架施工。

(10) 防冲、防突、防治水允掘牌板必须按规定安设或填写。

(11) 处理堵塞的喷浆管时,严禁喷射枪口对准自己或他人。

(12) 严禁综掘机回转台前方有人而启动综掘机。综掘机运行时,严禁人员进入回转台前方。

(13) 耙装机耙矸时,严禁人员进入耙斗运行范围内。

(14) 耙装机的耙斗导向轮严禁固定在支护锚杆或金属支架上。

(15) 上山耙装机的固定必须达到规程要求。

(16) 围岩破碎时必须及时使用前探支护。

(17) 严禁未进行敲帮问顶就进行作业。

4. 采煤专业习惯性违章行为有哪些?如何防治?

答:采煤专业习惯性违章行为有:

(1) 有伞檐不处理而继续施工。

(2) 两巷超前支护数量不够,梁上不接顶,初撑力达不到设计规定。

(3) 采煤机割煤时喷雾不能正常使用。

(4) 割煤时采煤机前方支架伸缩梁或护帮板未收回或收回不及时。

(5) 跟机拉架时，架前、架间、支架附近有人作业，盲目拉架。

(6) 采煤机割煤后拉架跟不上，护帮板打不到位或用护帮板支护顶板。

(7) 移架、推刮板输送机后，支架手把不及时回位。

(8) 移架过程中不开架间喷雾。

(9) 支架初撑力达不到设计规定。

(10) 单体支柱防倒绳拴设位置不正确。

(11) 两端头无措施规定超前或滞后放顶。

(12) 转载机、带式输送机、刮板输送机司机在设备运行状态下处理堆煤和浮煤。

(13) 刮板输送机、转载机搭接不合理，造成拉回头煤，输送机转载点支架使用可燃性材料。

(14) 拖移转载机时，施工人员站在危险范围内。

(15) 刮板输送机出现卡矸、卡大块煤时，不及时停机处理。

(16) 检修液压系统管路时，不停泵。

(17) 更换支架液压管后，不使用标准 U 型销子。

(18) 液压管跑、冒、滴、漏不处理。

(19) 工作面上下回头顶板冒落不充分，未采取措施处理。

(20) 工作面端头支架与巷道支护间距超设计规定。

(21) 工作面支架间有浮煤、粉尘大。

(22) 放顶煤工作面注水效果不好、粉尘大。

(23) 采煤机械不整洁、有浮煤。

(24) 采区内巷道未采取有效疏排水措施，积水上道。

(25) 工作面前部或后部刮板输送机机头、机尾过高，距顶板间距小于 0.3 m，易卡大块。

(26) 工作面硬帮片帮超过 0.5 m，不加打靠帮柱。

(27) 采煤工作面两巷超前行人安全距离(宽度)小于 0.8 m,综采巷高小于 1.8 m,炮采巷高小于 1.6 m。

(28) 工作面上下端头锚杆托盘、锚索托梁未按规定超前拆卸,出现悬顶。

(29) 大倾角工作面未按设计上齐挡矸网。

防治措施:

(1) 有伞檐必须处理,不处理严禁继续施工。

(2) 两巷超前支护数量必须符合作业规程要求,梁上必须接顶,初撑力必须达到设计规定。

(3) 采煤机割煤时喷雾必须能正常使用。

(4) 割煤时采煤机前方支架伸缩梁或护帮板必须及时收回。

(5) 跟机拉架时,架前、架间、支架附近严禁有人作业,严禁盲目拉架。

(6) 采煤机割煤后拉架必须跟上,护帮板必须打到位或严禁用护帮板支护顶板。

(7) 移架、推刮板输送机后,支架手把必须及时回位。

(8) 移架过程中必须开架间喷雾。

(9) 支架初撑力必须达到设计规定。

(10) 单体支柱防倒绳拴设位置必须正确。

(11) 两端头超前或滞后放顶必须制定相应措施。

(12) 转载机、带式输送机、刮板输送机司机严禁在设备运行状态下处理堆煤和浮煤。

(13) 刮板输送机、转载机搭接必须合理,以免拉回头煤,输送机转载点支架严禁使用可燃性材料。

(14) 拖移转载机时,施工人员严禁站在危险范围内。

(15) 刮板输送机出现卡矸、卡大块煤时,必须及时停机处理。

(16) 检修液压系统管路时,必须停泵。

(17) 更换支架液压管后,必须使用标准 U 型销子。

(18) 液压管跑、冒、滴、漏必须及时处理。

(19) 工作面上下回头顶板冒落必须充分,冒落不充分必须采取措施处理。

(20) 工作面端头支架与巷道支护间距严禁超设计规定。

(21) 工作面支架间严禁有浮煤,粉尘浓度应符合规定。

(22) 放顶煤工作面注水效果必须符合要求,粉尘浓度应符合规定。

(23) 采煤机械必须整洁,严禁有浮煤。

(24) 采区内巷道必须采取有效疏排水措施,严禁积水上道。

(25) 工作面前部或后部刮板输送机机头、机尾距顶板间距不小于0.3 m,以免卡大块。

(26) 工作面硬帮片帮超过0.5 m,必须加打靠帮柱。

(27) 采煤工作面两巷超前行人安全距离(宽度)不小于0.8 m,综采巷高不小于1.8 m,炮采巷高不小于1.6 m。

(28) 工作面上下端头锚杆托盘、锚索托梁必须按规定超前拆卸,严禁出现悬顶。

(29) 大倾角工作面必须按设计要求上齐挡矸网。

5. 掘进专业习惯性违章行为有哪些?如何防治?

答:掘进专业习惯性违章行为有:

(1) 用凿岩机钻进时,凿岩机前方有人作业。

(2) 在无专项措施的情况下,采用反向装药爆破。

(3) 干打眼。

(4) 打眼、装药平行作业。

(5) 炮眼数量、周边眼间距与规程不符。

(6) 爆破前后,不洒水冲尘。

(7) 装药不使用专用炮棍。

(8) 爆破时不对设备、设施等采取保护措施。

(9) 工作面迎头排水不及时造成积水。

(10) 不采取措施造成电气设备淋水。

(11) 综掘机照明灯不亮。

(12) 综掘机机身不挂瓦斯报警仪。

(13) 综掘机司机不按规定切割程序割煤,超欠、挖严重。

(14) 刮板输送机在飘链、出槽、掉链、断链及连接环缺螺丝等情况下运转。

(15) 锚索、锚杆外露过长或过短。

(16) 工作面锚杆、锚索间排距及角度不符合设计规定。

(17) 不按规定使用锚固剂。

(18) 不按规定联网。

(19) 缺锚杆、锚索不及时补打。

(20) 平巷及下山耙装机的固定未达到规程要求。

(21) 耙装机安全防护设施不全的情况下开机作业。

(22) 耙装机耙货时未及时开启喷雾。

(23) 耙装机钢丝绳磨损严重、断股仍继续使用。

(24) 耙装机停机后，开关不闭锁。

(25) 喷碹前不冲洗巷帮。

(26) 喷浆不开喷雾。

(27) 初喷厚度不够，未按规定施工喷碹厚度检查孔。

(28) 架棚支护帮、顶未刹实、刹靠。

(29) 架棚出现前仰、后翻、架斜等情况不及时处理。

(30) 带式输送机、刮板输送机司机躺、卧。

(31) 刮板输送机机头尾未按规定打设压柱。

(32) 浮货多、磨带式输送机，水煤上带式输送机。

(33) 大块矸石装车。

(34) 掘进工作面迎头 10 m 范围内的支护，在爆破前没有按规定进行加固。

(35) 开拓、掘进工作面未按设计规定使用临时支护。

(36) 锚喷支护巷道，锚杆托板未能紧贴煤岩面。

(37) 锚杆支护巷道内，使用支护锚杆(索)起吊物件。

(38) 不使用气扳机或力矩扳手及时紧固锚杆。

(39) 接尘人员在产尘作业时未佩戴防尘口罩。

(40) 浮煤、刮板输送机或带式输送机中有雷管、火药。

防治措施：

(1) 用凿岩机钻进时，凿岩机前方严禁有人作业。

(2) 采用反向装药爆破必须要有专项措施。

(3) 严禁干打眼。

(4) 严禁打眼、装药平行作业。

(5) 炮眼数量、周边眼间距必须与规程相符。

(6) 爆破前后，必须洒水冲尘。

(7) 装药必须使用专用炮棍。

(8) 爆破时必须对设备、设施等采取保护措施。

(9) 工作面迎头排水必须及时，严禁有积水。

(10) 顶板有淋水必须采取措施，严禁电气设备淋水。

(11) 综掘机照明灯必须明亮。

(12) 综掘机机身必须挂瓦斯报警仪。

(13) 综掘机司机必须按规定切割程序割煤，严禁超欠、超挖。

(14) 刮板输送机严禁在飘链、出槽、掉链、断链及连接环缺螺丝等情况下运转。

(15) 锚索、锚杆外露必须符合规定。

(16) 工作面锚杆、锚索间排距及角度必须符合设计规定。

(17) 必须按规定使用锚固剂。

(18) 必须按规定联网。

(19) 缺锚杆、锚索必须及时补打。

(20) 平巷及下山耙装机的固定必须达到规程要求。

(21) 耙装机安全防护设施不全的情况下严禁开机作业。

(22) 耙装机耙货时必须及时开启喷雾。

(23) 耙装机钢丝绳磨损严重、断股必须停止使用。

(24) 耙装机停机后,开关必须闭锁。

(25) 喷碹前必须冲洗巷帮。

(26) 喷浆必须开喷雾。

(27) 初喷厚度必须符合规程规定,必须按规定施工喷碹厚度检查孔。

(28) 架棚支护帮、顶必须刹实、刹靠。

(29) 架棚出现前仰、后翻、架斜等情况必须及时处理。

(30) 带式输送机、刮板输送机司机严禁躺、卧。

(31) 刮板输送机机头尾必须按规定打设压柱。

(32) 浮货必须及时清理,严禁磨带式输送机,严禁水煤上带式输送机。

(33) 严禁大块矸石装车。

(34) 掘进工作面迎头 10 m 范围内的支护,在爆破前必须按规定进行加固。

(35) 开拓、掘进工作面必须按设计规定使用临时支护。

(36) 锚喷支护巷道,锚杆托板必须紧贴煤岩面。

(37) 锚杆支护巷道内,严禁使用支护锚杆(索)起吊物件。

(38) 必须使用气扳机或力矩扳手及时紧固锚杆。

(39) 接尘人员在产尘作业时必须佩戴防尘口罩。

(40) 浮煤、刮板输送机或带式输送机中严禁有雷管、火药。

三、“一通三防”专业“三违”行为及其防治

6. “一通三防”专业严重“三违”行为有哪些? 如何防治?

答:“一通三防”专业严重“三违” 行为有:

（1）无措施停局部通风机换风筒或断开风筒爆破。

（2）排放瓦斯未采取使用三通等限量排放措施。

（3）同时打开风门造成风流短路或用矿车等挤撞风门造成损坏或不能及时复位。

（4）作业地点未按规定悬挂便携式甲烷检测报警仪。瓦斯传感器不按规定位置悬挂，吊挂不标准，故意将瓦斯传感器、便携式甲烷检测报警仪悬挂在风筒出风或漏风处。

（5）矿长、矿总工程师、爆破工、采掘区队长、通风区队长、工程技术人员、班长、流动电钳工等下井时，未携带便携式甲烷检测报警仪。瓦斯检查工未携带便携式光学甲烷检测仪和便携式甲烷检测报警仪。安全监测工未携带便携式甲烷检测报警仪。

（6）没有按照设计要求打设超前钻孔，施工完的钻孔未按作业规程规定封孔。

（7）正面面对钻孔孔口，进行封孔或拆卸钻孔阀门或堵头。

（8）抽采泵站无计划停泵、倒换泵，无措施调整抽采管路系统。

（9）工作面计划内停风不及时通知监控中心。

（10）消火员检查密闭进入栏杆内没有执行2人一组。

防治措施：

（1）严禁无措施停局部通风机换风筒，严禁断开风筒爆破。

（2）排放瓦斯必须采取使用三通等限量排放措施。

（3）严禁同时打开风门造成风流短路，严禁用矿车等挤撞风门造成损坏或不能及时复位。

（4）作业地点必须按规定悬挂便携式甲烷检测报警仪。瓦斯传感器必须按规定位置悬挂，吊挂必须标准，严禁故意将瓦斯传感器、便携式甲烷检测报警仪悬挂在风筒出风或漏风处。

（5）矿长、矿总工程师、爆破工、采掘区队长、通风区队长、工程技术人员、班长、流动电钳工等下井时，必须携带便携式甲烷检测报警仪。瓦斯检查工必须携带便携式光学甲烷检测仪和便携式甲烷检测报警仪。安全监测工必须携带便携式甲烷检测报警仪。

（6）必须按照设计要求打设超前钻孔，施工完的钻孔必须按作业规程规定进行封孔。

(7) 严禁正面面对钻孔孔口，进行封孔或拆卸钻孔阀门或堵头。

(8) 严禁抽采泵站无计划停泵、倒换泵，严禁无措施调整抽采管路系统。

(9) 工作面计划内停风必须及时通知监控中心。

(10) 消火员检查密闭进入栏杆内必须执行2人一组。

7. “一通三防”专业习惯性违章行为有哪些？如何防治？

答：“一通三防”专业习惯性违章行为有：

(1) 瓦斯检查工不在规定地点交接班。

(2) 瓦斯检查牌板距迎头超过规定。

(3) 风筒末端距工作面超过规定。

(4) 风筒穿过风门时不使用铁质风筒过渡。

(5) 风筒拐弯时没有用弯头或使用弯头不合格。

(6) 风水管、电缆、支架等挤压风筒不及时处理。

(7) 风门门墙上的电缆孔、管子孔未及时封堵。

(8) 电缆、风水管从密闭区或风门上留设的风窗穿过。

(9) 拆除与构筑通风设施等遗留杂物未清理干净。

(10) 回风巷道内随意堆放杂物超过断面三分之一。

(11) 隔爆水袋破损、水量不足未及时更换或补水。

(12) 施工人员站在综掘机上、风水管上、带式输送机上或设备上作业。

(13) 各转载点喷雾不按规定使用。

(14) 带式输送机机头无洒水软管或洒水软管长度不达规定。

(15) 不按规定使用净化水幕。

(16) 更换风管、供水管路时将管口对着人。

(17) 不按规定进行风机切换试验。

(18) 不按规定填写瓦斯抽采牌板。

(19) 不按规定进行煤层注水或煤体注水不合格，没有及时安装注水设施。

(20) 砌筑通风设施未剪除两帮及顶部支护金属网或掏槽。

(21) 在砌筑超过 2 m 的通风设施时不搭脚手架,不系安全带。

(22) 新安装或拆除监控设备不及时填写清单。

(23) 拆除监控设备电源不通知监控中心。

(24) 消防器材配备不符合规定或使用过期消防器材。

(25) 水仓无防护栏或警示标志。

(26) 压风自救装置无风、微风、损坏、脏乱或位置不正确。

(27) 防突参数测定工作,操作规范上明令 2 人作业,只安排单人作业。

(28) 上下两巷的注水孔注水后不及时封堵。

(29) 消防管路和抽采管路的螺丝不及时上齐。

(30) 打钻施工前钻机没有打齐戗压支柱。

(31) 钻机没有完全停止转动接卸钻杆。

(32) 接卸钻杆站在水辫正下方。

(33) 煤巷打钻无风水联动装置。

(34) 灌浆时没有对钻孔进行固定或采取防窜孔措施。

防治措施:

(1) 瓦斯检查工必须在规定地点交接班。

(2) 瓦斯检查牌板距迎头严禁超过规定。

(3) 风筒末端距工作面严禁超过规定。

(4) 风筒穿过风门时必须使用铁质风筒过渡。

(5) 风筒拐弯时必须用弯头或使用弯头必须合格。

(6) 风水管、电缆、支架等挤压风筒必须及时处理。

(7) 风门门墙上的电缆孔、管子孔必须及时封堵。

(8) 严禁电缆、风水管从密闭区或风门上留设的风窗穿过。

(9) 拆除与构筑通风设施等遗留杂物必须清理干净。

(10) 回风巷道内严禁随意堆放杂物超过断面三分之一。

(11) 隔爆水袋破损必须及时更换,水量不足必须及时补水。

(12) 严禁施工人员站在综掘机上、风水管上、带式输送机上或设备上作业。

(13) 各转载点喷雾必须按规定使用。

(14) 带式输送机机头必须安设洒水软管或洒水软管长度必须符合规定。

(15) 必须按规定使用净化水幕。

(16) 更换风管、供水管路时严禁将管口对着人。

(17) 必须按规定进行风机切换试验。

(18) 必须按规定填写瓦斯抽采牌板。

(19) 必须按规定进行煤层注水，煤体注水必须合格，必须及时安装注水设施。

(20) 砌筑通风设施必须剪除两帮及顶部支护金属网或掏槽。

(21) 在砌筑超过 2 m 的通风设施时必须搭脚手架，系安全带。

(22) 新安装或拆除监控设备必须及时填写清单。

(23) 拆除监控设备电源必须通知监控中心。

(24) 消防器材配备必须符合规定，严禁使用过期消防器材。

(25) 水仓必须有防护栏或警示标志。

(26) 压风自救装置严禁无风、微风、损坏、脏乱，位置必须正确。

(27) 防突参数测定工作必须 2 人作业，严禁安排单人作业。

(28) 上下两巷的注水孔注水后必须及时封堵。

(29) 消防管路和抽采管路的螺丝必须及时上齐。

(30) 打钻施工前钻机必须打齐戗压支柱。

(31) 钻机没有完全停止转动严禁接卸钻杆。

(32) 接卸钻杆严禁站在水辫正下方。

(33) 煤巷打钻必须有风水联动装置。

(34) 灌浆时必须对钻孔进行固定或采取防窜孔措施。

四、机电、运输专业“三违”行为及其防治

8. 机电、运输专业严重“三违”行为有哪些？如何防治？

答：机电运输专业严重“三违”行为有：

(1) 带电搬迁非本安型电气设备。

(2) 井下带电检修移动设备。

(3) 用铜、铝、铁丝等代替保险丝。

(4) 机电设备脱保运行。

(5) 不按照设计,随意调整开关整定值。

(6) 非专职人员操作电气设备。

(7) 井下电气设备停电时未按要求从低压到高压逐级停电,越级停电。

(8) 井下机电设备检修前,未切断上一级电源、电气开关未闭锁。检修电气设备未按规定检查瓦斯,不验电放电、不挂接地线、不执行停电挂牌制度和停送电制度,强行送电。

(9) 采煤机检修时,未切断电源且未打开采煤机隔离开关和离合器,未对工作面刮板输送机进行闭锁。

(10) 综掘机停止工作和检修以及交接班时,未将综掘机切割头落地、未断开综掘机上的电源开关、未断开磁力启动器的隔离开关。

(11) 刮板输送机维护、检修时,刮板输送机、转载机等设备不停机闭锁,不断开隔离开关及离合器。

(12) 刮板输送机机头、机尾无防护板,转载机未封闭。

(13) 6 kV 及以上的倒闸操作,电气工作人员不执行工作票、操作票制度(事故状态、应急处理除外)。

(14) 操作井下高压电气设备时,操作人员不戴绝缘手套、不穿电工绝缘靴。

(15) 未停电的情况下连接带式输送机输送带。不按规定使用带式输送机运送物件。

(16) 带压处理风、水、液压管路故障。

(17) 乘箕斗或吊桶人员不系安全带。

(18) 在井口 1 m 范围内或高空作业不系安全带、使用的工具不采取防坠措施、抛接物件。

(19) 斜巷提升拉车数量和重量超规定,以及不使用防脱销。

(20) 倾斜井巷阻挡车装置不全,无跑车防护装置。

(21) 倾斜井巷挡车装置不能保持常闭状态。倾斜井巷提放车后,不能及时关闭阻挡车装置。

(22) 绞车不带电放飞车。

(23) 绞车运行期间，人员跨越钢丝绳。

(24) 绞车钢丝绳插接长度不符合规定继续使用。

(25) 绞车地锚松动，绞车闸无拉杆用其他物件代替。

(26) 电机车未停稳时，强行从车上摘取连接销、连接链或扳道岔。

(27) 电机车司机离开座位时，不切断电源，不扳紧停车制动、关闭车灯。

带电搬迁设备触电事故	电弧灼伤事故

防治措施：

(1) 严禁带电搬迁非本安型电气设备。

(2) 井下严禁带电检修移动设备。

(3) 严禁用铜、铝、铁丝等代替保险丝。

(4) 严禁机电设备脱保运行。

(5) 严禁不按照设计，随意调整开关整定值。

(6) 严禁非专职人员操作电气设备。

(7) 井下电气设备停电时必须按要求从低压到高压逐级停电，严禁越级停电。

(8) 井下机电设备检修前，必须切断上一级电源、电气开关必须闭锁。检修电气设备必须按规定检查瓦斯，必须验电放电、挂接地线，严格执行停电挂牌制度和停送电制度，严禁强行送电。

(9) 采煤机检修时，必须切断电源且打开采煤机隔离开关和离合器，必须对工作面刮板输送机进行闭锁。

(10) 综掘机停止工作和检修以及交接班时，必须将综掘机切割头落地、断开综掘机上的电源开关、断开磁力启动器的隔离开关。

(11) 刮板输送机维护、检修时,刮板输送机、转载机等设备必须停机闭锁,断开隔离开关及离合器。

(12) 刮板输送机机头、机尾必须有防护板,转载机必须封闭。

(13) 6 kV 及以上的倒闸操作,电气工作人员必须严格执行工作票、操作票制度(事故状态、应急处理除外)。

(14) 操作井下高压电气设备时,操作人员必须戴绝缘手套、穿电工绝缘靴。

(15) 严禁在未停电的情况下连接带式输送机输送带。严格按规定使用带式输送机运送物件。

(16) 严禁带压处理风、水、液压管路故障。

(17) 乘箕斗或吊桶人员必须系安全带。

(18) 在井口 1 m 范围内或高空作业必须系安全带、使用的工具必须采取防坠措施、严禁抛接物件。

(19) 斜巷提升拉车数量和重量严禁超规定,且必须使用防脱销。

(20) 倾斜井巷阻挡车装置必须齐全,有跑车防护装置。

(21) 倾斜井巷挡车装置必须保持常闭状态。倾斜井巷提放车后,必须及时关闭阻挡车装置。

(22) 严禁绞车不带电放飞车。

(23) 绞车运行期间,严禁人员跨越钢丝绳。

(24) 绞车钢丝绳插接长度必须符合规定,插接长度不符合规定严禁使用。

(25) 绞车地锚必须紧固,严禁松动,绞车闸必须有拉杆,严禁用其他物件代替拉杆。

(26) 电机车未停稳时,严禁强行从车上摘取连接销、连接链或扳道岔。

(27) 电机车司机离开座位时,必须切断电源,扳紧停车制动、关闭车灯。

9. 机电专业习惯性违章行为有哪些?如何防治?

答:机电专业习惯性违章行为有:

(1) 泵站不按照规定管理,不使用乳化液自动配比装置;乳化液泵站长流水；乳化液配比浓度不达标，压力达不到规定标准；润滑油量不足；泵箱内添加乳化液后，不使用糖量计检测配比浓度。

(2) 井下斜巷绞车、刮板输送机、带式输送机等机械设备开车前不发出警示信号。

(3) 机械设备不按规定注油。

(4) 设备、设施不使用专用销子。

(5) 不按规定试验各种保护装置。

(6) 接地母线，辅助接地母线，局部接地极连接地线不用耐腐蚀铁线或扁钢。

(7) 操作高压电气设备主回路时，不使用绝缘用具。

(8) 检修设备时开关不打到零位、不闭锁。

(9) 检修电气设备时，不使用便携式甲烷检测报警仪测量瓦斯。

(10) 电气设备检修，拆、接线单独操作。

(11) 通信、信号电缆与高压电缆混挂在一起。

(12) 用铁丝吊挂电缆。

(13) 人员在电缆、电气设备上坐、卧。

(14) 井下带电电缆盘圈存放(采煤机或机组拖曳电缆除外)。

(15) 煤仓上口作业时，不系安全带。

(16) 设备连接处的连接螺栓锈蚀、松动不及时紧固继续使用。

(17) 带式输送机跑偏不处理，继续带病运转。

(18) 处理导料槽、挡煤板、清扫器不关停带式输送机。

(19) 起吊设备不使用专用吊环，起吊锚链连接环未上螺栓。

(20) 起吊设备选用的手动葫芦负荷能力小于所吊设备重量。

(21) 起吊重物捆绑不牢固，重心偏移继续起吊。起吊重物时，人员在重物下方、吊臂下方或重物运行前方停留。

(22) 电焊、气割作业时，人员没有穿戴或使用防护用品、用具；乙炔瓶、氧气瓶安全距离不够。

防治措施：

(1) 泵站必须按照规定管理，必须使用乳化液自动配比装置；乳化液泵站严禁长流水；乳化液配比浓度必须达标，符合规定，压力必须达到规定标准;润滑油量符合规定;泵箱内添加乳化液后,必须使用糖量计检测配比浓度。

(2) 井下斜巷绞车、刮板输送机、带式输送机等机械设备开车前必须发出警示信号。

(3) 机械设备必须按规定注油。

(4) 设备、设施必须使用专用销子。

(5) 必须按规定试验各种保护装置。

(6) 接地母线,辅助接地母线,局部接地极连接地线必须用耐腐蚀铁线或扁钢。

(7) 操作高压电气设备主回路时,必须使用绝缘用具。

(8) 检修设备时开关必须打到零位、必须闭锁挂停电牌。

(9) 检修电气设备时,必须使用便携式甲烷检测报警仪测量瓦斯。

(10) 严禁电气设备检修,拆、接线单独操作。

(11) 通信、信号电缆与高压电缆严禁混挂在一起。

(12) 严禁用铁丝吊挂电缆。

(13) 严禁人员在电缆、电气设备上坐、卧。

(14) 井下带电电缆严禁盘圈存放(采煤机或机组拖曳电缆除外)。

(15) 煤仓上口作业时,必须系安全带。

(16) 设备连接处的连接螺栓锈蚀、松动必须及时更换或紧固,符合要求后方可使用。

(17) 带式输送机跑偏必须及时处理,严禁带病运转。

(18) 处理导料槽、挡煤板、清扫器必须关停带式输送机。

(19) 起吊设备必须使用专用吊环,起吊锚链连接环必须上螺栓锁住。

(20) 起吊设备选用的手动葫芦负荷能力不得小于所吊设备重量。

(21) 起吊重物捆绑必须牢固,重心偏移不得起吊。起吊重物时,人员严禁在重物下方、吊臂下方或重物运行前方停留。

(22) 电焊、气割作业时,人员必须穿戴或使用防护用品、用具;乙炔瓶、氧气瓶安全距离必须符合措施规定。

10. 运输专业习惯性违章行为有哪些？如何防治？

答：运输专业习惯性违章行为有：

(1) 轨道铺设质量差，构件不全。

(2) 材料设备距轨道安全距离不够。

(3) 电机车启动不鸣笛，电机车会车、大巷弯道、交叉点、硐室口等地段或运行前方有人，不减速、不鸣笛。

(4) 大巷推车过弯道、风门等地点不设警戒。

(5) 电机车有隐患不处理就运行。

(6) 电机车司机超速行驶。

(7) 运行车辆不使用红尾灯或尾灯不亮。

(8) 顶车、顶运物料运行无人监护。

(9) 绞车出绳方向与轨道中线不一致时，用板拨绳。

(10) 机车运行中司机将头或身体探出车外。

(11) 电机车司机离开座位时，不取下控制手把、关闭车灯。

(12) 提升运输时不正确使用声光信号。

(13) 提升绳钩头鸡心环不完好拉车。

(14) 绞车护绳板固定不可靠拉车。

(15) 绞车钢丝绳排列不整齐。

(16) 使用绞车运送物料拐弯时不使用导向轮。

(17) 车辆停放不使用阻车器。

(18) 拉放车物料捆绑不牢。

(19) 野蛮卸车或利用惯性卸车。

(20) 检修电机车、矿车及人车时,行车起吊后不支垫。

(21) 人车运送人员时,超员乘坐。

(22) 不使用专用车装运轨道、钢管等长物件。

(23) 停车超过警冲标,在道岔上停车。

(24) 一次推多辆矿车。

(25) 调向滑轮受力方向内侧有人。

(26) 人力推车,距离保持不够。

防治措施:

(1) 轨道铺设质量必须符合规定,构件必须齐全。

(2) 材料设备距轨道安全距离必须符合规定。

(3) 电机车启动前必须鸣笛,电机车会车、大巷弯道、交叉点、硐室口等地段或运行前方有人,必须减速、鸣笛。

(4) 大巷推车过弯道、风门等地点必须设警戒。

(5) 电机车有隐患必须处理,否则严禁运行。

(6) 电机车司机严禁超速行驶。

(7) 运行车辆必须使用红尾灯或确保尾灯正常明亮。

(8) 顶车、顶运物料运行必须有专人监护。

(9) 绞车出绳方向与轨道中线不一致时,严禁用板拨绳。

(10) 机车运行中严禁司机将头或身体探出车外。

(11) 电机车司机离开座位时,必须取下控制手把、关闭车灯。

(12) 提升运输时必须正确使用声光信号。

(13) 提升绳钩头鸡心环不完好严禁拉车。

(14) 绞车护绳板固定不可靠严禁拉车。

(15) 绞车钢丝绳排列必须整齐。

(16) 使用绞车运送物料拐弯时必须使用导向轮。

(17) 车辆停放必须使用阻车器。

(18) 拉放车物料捆绑必须牢靠。

(19) 严禁野蛮卸车或利用惯性卸车。

(20) 检修电机车、矿车及人车时,行车起吊后必须支垫。

(21) 人车运送人员时,严禁超员乘坐。

(22) 必须使用专用车装运轨道、钢管等长物件。

(23) 停车严禁超过警冲标,严禁在道岔上停车。

(24) 严禁一次推多辆矿车。

(25) 调向滑轮受力方向内侧严禁有人。

(26) 人力推车,距离必须符合规定。

五、地测防治水专业“三违”行为及其防治

11. 地测防治水专业严重“三违”行为有哪些? 如何防治?

答:地测防治水专业严重“三违”行为有:

(1) 井下物探作业(不包括地质超前探测)前未编制设计,或设计未由矿总工程师审批。

(2) 物探施工结束后,未提交成果报告,或报告未由矿总工程师审批。

(3) 掘进巷道未编制单帮素描图。

(4) 探放水钻孔位置未由测量人员提供,私自开孔。

(5) 在预计水压大于 0.1 MPa 的地点探水未先固结套管、闸阀。

(6) 矿井主要水平大巷未达到至少有 1 组(不少于 3 个点)永久导线基点。

(7) 破坏井下永久导线点、高程点。

防治措施:

(1) 井下物探作业(不包括地质超前探测)前必须编制设计,设计必须由矿总工程师审批。

(2) 物探施工结束后,必须提交成果报告,报告必须由矿总工程师审批。

(3) 掘进巷道必须编制单帮素描图。

(4) 探放水钻孔位置必须由测量人员提供，严禁私自开孔。

(5) 在预计水压大于0.1 MPa的地点探水必须先固结套管、闸阀。

(6) 矿井主要水平大巷必须至少有1组(不少于3个点)永久导线基点。

(7) 严禁破坏井下永久导线点、高程点。

12. 地测防治水专业习惯性违章行为有哪些？如何防治？

答：地测防治水专业习惯性违章行为有：

(1) 未按要求对井筒、石门和穿层巷道见煤点进行描述。

(2) 掘进巷道观测点间距不足。

(3) 构造复杂区域未进行连续观测。

(4) 井巷素描未做到每20～50 m编录一次迎头断面图。

(5) 断层、褶皱、陷落柱等不良地质体观测未及时修改图件。

(6) 井下观测记录2天内未整理上图或填写台账。

(7) 煤层尖灭时，未对尖灭区域进行观测上图。

(8) 穿煤巷道、全煤厚巷道未实测煤层柱状。

(9) 生产矿井“四书”编制内容及完成时间不符合《煤矿地质工作细则》要求。

(10) 地质预报月报超期，或未经地测部门审核发放。

(11) 地质预报内容不符合《煤矿地质工作细则》。

(12) 探放水时未安排专人监测钻孔出水情况。

(13) 未按雨季巡视制度进行观测记录。

(14) 对采空区物探异常点未使用钻探验证。

(15) 未按规定对出水点进行调查观测。

(16) 井下永久导线点、高程点的编号标注不明显、不清晰。

(17) 采区控制导线超延长距离超过100 m。

(18) 中心腰线延长不及时。

(19) 损失量计算图表每月未及时更新。

(20) 分层开采煤层，首分层开采期间未编制探煤厚计算图。

防治措施：

(1) 必须按要求对井筒、石门和穿层巷道见煤点进行描述。

(2) 掘进巷道观测点间距必须符合要求。

(3) 构造复杂区域必须进行连续观测。

(4) 井巷素描必须做到每20～50 m编录一次迎头断面图。

(5) 断层、褶皱、陷落柱等不良地质体观测必须及时修改图件。

(6) 井下观测记录2天内必须整理上图或填写台账。

(7) 煤层尖灭时，必须对尖灭区域进行观测上图。

(8) 穿煤巷道、全煤厚巷道必须实测煤层柱状。

(9) 生产矿井“四书”编制内容及完成时间必须符合《煤矿地质工作细则》要求。

(10) 地质预报月报严禁超期，或必须经地测部门审核发放。

(11) 地质预报内容必须符合《煤矿地质工作细则》。

(12) 探放水时必须安排专人监测钻孔出水情况。

(13) 必须按雨季巡视制度进行观测记录。

(14) 对采空区物探异常点必须使用钻探验证。

(15) 必须按规定对出水点进行调查观测。

(16) 井下永久导线点、高程点的编号标注必须明显、清晰。

(17) 采区控制导线超延长距离严禁超过100 m。

(18) 中心腰线必须及时延长。

(19) 损失量计算图表每月必须及时更新。

(20) 分层开采煤层，首分层开采期间必须编制探煤厚计算图。

复习思考题

1. 您是否有煤矿常见公共严重“三违”行为？有的话如何防治？
2. 您是否有公共习惯性违章行为？有的话如何防治？
3. 您是否有采掘专业严重“三违”行为？有的话如何防治？
4. 您是否有采煤专业习惯性违章行为？有的话如何防治？
5. 您是否有掘进专业习惯性违章行为？有的话如何防治？
6. 您是否有“一通三防”专业严重“三违”行为？有的话如何防治？
7. 您是否有“一通三防”专业习惯性违章行为？有的话如何防治？

8. 您是否有机电、运输专业严重“三违”行为？有的话如何防治？

9. 您是否有机电专业习惯性违章行为？有的话如何防治？

10. 您是否有运输专业习惯性违章行为？有的话如何防治？

11. 您是否有地测防治水专业严重“三违”行为？有的话如何防治？

12. 您是否有地测防治水专业习惯性违章行为？有的话如何防治？

自 测 题

（共100分，80分合格）

得分：________

一、判断题(每题3分，共30分)

1. 特种作业人员班中脱岗或睡觉是严重“三违”行为。（　　）

2. 现场隐患不整改，继续作业不是严重“三违”行为。（　　）

3. 采煤机运行时，人员进入滚筒上、下3 m机道范围内是严重“三违”行为。（　　）

4. 工作面及两巷超前联网质量差，切顶线处缺少单体支柱不是严重“三违”行为。（　　）

5. 正面面对钻孔孔口，进行封孔或拆卸钻孔阀门或堵头是严重“三违”行为。（　　）

6. 工作面计划内停风不及时通知监控中心不是严重“三违”行为。（　　）

7. 转载机未封闭是严重“三违”行为。（　　）

8. 倾斜井巷阻挡车装置不全不是严重“三违”行为。（　　）

9. 掘进巷道未编制单帮素描图是严重“三违”行为。（　　）

10. 采煤机割煤时喷雾不能正常使用是习惯性违章行为。（　　）

二、单选题(每题 3 分,共 30 分)

1. 工作面前部或后部刮板运输机头、机尾距顶板间距不小于(　　)m,以免卡大块。

A. 0.3　　B. 0.4　　C. 0.5

2. 掘进工作面迎头(　　)m 范围内的支护,在爆破前必须按规定进行加固。

A. 5　　B. 10　　C. 15

3. 在砌筑超过(　　)m 的通风设施时必须搭脚手架、系安全带。

A. 1　　B. 2　　C. 5

4. 采区控制导线超延长距离严禁超过(　　)m。

A. 60　　B. 80　　C. 100

5. 起吊重物捆绑必须牢固,(　　)偏移不得起吊。

A. 重心　　B. 中心　　C. 重物

6. 电机车有隐患必须(　　),否则严禁运行。

A. 停车　　B. 处理　　C. 检查

7. 井下斜巷绞车、刮板输送机、带式输送机等机械设备开车前必须发出(　　)信号。

A. 警告　　B. 开车　　C. 警示

8. 必须按规定进行风机切换(　　)。

A. 操作　　B. 试验　　C. 倒台

9. 刮板输送机、转载机搭接必须合理,严禁拉(　　)。

A. 回头煤　　B. 矸石　　C. 大煤块

10. 装药必须使用专用(　　)。

A. 棍子　　B. 铁钎　　C. 炮棍

三、多选题(每题 4 分,共 40 分)

1. 检修电气设备必须按规定检查瓦斯,必须(　　),严禁强行送电。

A. 验电、放电　　B. 挂接地线

C. 严格执行停电挂牌制度　　D. 停送电制度

2. 架棚支护帮、顶必须(　　)。

A. 背实　　B. 刹实

C. 刹靠　　D. 背严

3. 跟机拉架时,(　　)严禁有人作业,严禁盲目拉架。

A. 架前　　B. 架间

C. 架中　　D. 支架附近

4. 刮板输送机严禁在出现(　　)及连接环缺螺丝等情况下运转。

A. 飘链　　B. 出槽

C. 掉链　　D. 断链

5. 压风自救装置严禁(　　)、脏乱,位置必须正确。

A. 无风　　B. 微风

C. 损坏　　D. 淋水

6. 电机车司机离开座位时,必须(　　)。

A. 打扫卫生　　B. 取下控制手把

C. 向领导请假　　D. 关闭车灯

7. (　　)等不良地质体观测必须及时修改图件。

A. 坡度　　B. 断层

C. 褶皱　　D. 陷落柱

8. 电机车启动前必须鸣笛,电机车会车、(　　)等地段或运行前方有人,必须减速、鸣笛。

A. 大巷弯道　　B. 交叉点

C. 硐室口　　D. 大巷

9. 严禁人员在电缆、电气设备上(　　)。

A. 坐　　B. 乱摸

C. 卧　　D. 打扫灰尘

10. 严禁施工人员站在(　　)作业。

A. 综掘机上　　B. 风水管上

C. 带式输送机上　　D. 设备上

模块九　煤矿作业场所隐患识别与处置

【学习提示】

为什么要学习煤矿作业场所隐患识别与处置知识？在煤矿作业现场，事故隐患如未能得到及时消除，往往会导致事故发生，现场作业人员必须予以高度重视。作业现场的隐患排查治理是围绕消除人的不安全行为、物的不安全状态和环境的不安全因素展开的，针对作业的常见事故隐患，要采取以下措施：

(1) 规范操作人员的安全行为，结合班组的具体情况，以及国家的法律法规、相关规定和标准，制定规章制度和操作规程。

(2) 正确穿戴和使用劳动防护用具、用品。

(3) 严格执行《煤矿安全规程》、安全技术操作规程、作业规程的相关规定。

(4) 加强对作业场所的安全检查，及早发现问题，及时妥善地整改。

(5) 加强生产设备管理，尤其是设备的防爆管理，按规定做好设备、安全设施和防护装置的维护保养，使之始终保持完好状态。

(6) 保证各种保护和监测系统灵敏、可靠，井下设备、电缆完好。

(7) 设备布置、物料码放要尽可能地科学合理，保持通道畅通。

(8) 及时清扫垃圾、废料，整理现场的原材料、产品和工具。

一、采煤专业隐患识别与处置

1. 采煤专业超前处理作业岗位存在哪些隐患？如何处置？

答：隐患内容：

(1) 有铰接梁未铰接或钢梁折断。

(2) 支柱钻底超过规定而未穿柱鞋。

(3) 点柱直线率差，不迎山，支柱间排距超过 100 mm。

(4) 在用点柱未拴柱头或拴不牢，点柱未拴双道防倒绳。

(5) 工作面安全出口处控顶面积大。

(6) 顶板大量下沉，高度不符合规定。

(7) 机头、机尾处顶板破碎，煤壁片帮，瓦斯、煤尘浓度超限。

隐患处置措施：

(1) 对出现铰接梁未铰接或折断的要铰接好或更换钢梁。

(2) 对出现支柱钻底超过规定而未穿柱鞋的要穿好柱鞋。

(3) 对出现点柱直线率差，不迎山，支柱间排距超过 100 mm 的，要求改点柱使其直线率达标、迎山有力。

(4) 对出现在用点柱未拴柱头或拴不牢，点柱未拴双道防倒绳的要拴好柱头和防倒绳。

(5) 工作面机头、机尾和其他设备体积大，在移动设备时，又反复打设支柱撤柱，其结果使顶板更加破碎，要加强支护。特别是工作面超前支撑压力的作用下，顶板大量下沉，要加强支护。

(6) 安全出口与巷道连接处 20 m 范围内，综合机械化采煤工作面巷道高度不低于 1.8 m，其他采煤工作面不低于 1.6 m，要加强支护。超前支护主要是提高采煤工作面超前压力范围内的巷道支护强度，减少巷道变形量，确保上、下安全出口的高度、宽度符合规定，因此超前支护不得小于 20 m，初撑力必须符合《煤矿安全规程》规定。

(7) 超前处理工的施工地点必须严格执行敲帮问顶及围岩观测制度，找净煤帮及顶板的活煤、活渣，严禁瓦斯超限作业，做好综合防尘工作，搞好通风管理，将瓦斯、煤尘浓度控制在规程规定浓度以下，确保人员安全。

2. 采煤专业端头支护作业岗位存在哪些隐患？如何处置？

答：隐患内容：

(1) 顶板掉渣，煤壁片帮，瓦斯、煤尘浓度超限。

(2) 上下安全出口高度不够。

(3) 工作面两端第一组支架与巷道支护超过作业规程规定。

(4) 支柱钻底超过规定而未穿柱鞋。

（5）支柱、支架初撑力不符合规定。

隐患处置措施：

（1）端头支护工的施工地点必须严格执行敲帮问顶及围岩观测制度，找净煤帮及顶板的活煤、活渣，严禁瓦斯超限作业，做好综合防尘工作，搞好通风管理，将瓦斯、煤尘浓度控制在规程规定浓度以下，确保人员安全。

（2）安全出口支护必须符合作业规程规定要求，如有变动需及时编制更换支护专项措施。安全出口必须畅通，行人道宽度不应低于0.8 m，综采（放）工作面安全出口高度不应小于1.8 m，其他不应小于1.6 m。

（3）工作面内排头支架与巷道支护间距必须符合作业规程规定。

（4）对出现支柱钻底超过规定而未穿柱鞋的要给支柱穿好柱鞋。

（5）单体支护初撑力必须符合规定。工作面切顶排支护必须符合作业规程要求。

3．采煤专业支护作业岗位存在哪些隐患？如何处置？

答：隐患内容：

（1）顶板掉渣，煤壁片帮，瓦斯、煤尘浓度超限。

（2）工作面煤壁有大渣、煤块、架缝超宽、护帮板不贴帮。

（3）煤壁侧临时支护不符合作业规程规定。

（4）支架误差超过规定。

（5）工作面煤壁伞檐超过规定要求。

隐患处置措施：

（1）工作面支护作业地点必须严格执行敲帮问顶及围岩观测制度，找净煤帮及顶板的活煤、活渣，严禁瓦斯超限作业，做好综合防尘工作，搞好通风管理，将瓦斯、煤尘浓度控制在规程规定浓度以下，确保人员安全。

（2）及时处理工作面煤壁大渣、煤块，严禁架缝超宽，正确使用支架护帮板，使其及时贴帮，必要时可以拉超前支架进行顶板支护。

（3）液压支架（支柱）初撑力必须达到作业规程要求，同时要有相应的阻力监测系统和制度。

(4) 液压支架(支柱)的中心距(支柱间排距)误差不超过 100 mm，侧护板正常使用，错差不超过侧护板高度的 2/3，架间间隙不超过 100 mm(支柱−50～50 mm)；支架不超高使用。

(5) 液压支架(支柱顶梁)端面距符合作业规程规定；要做到“三直一平”，液压支架(支柱)排成一条直线，其偏差不得超过 50 mm。工作面伞檐长度大于 1 m 时，其最大突出部分，薄煤层不超过 150 mm，中厚以上煤层不超过 200 mm；工作面伞檐长度在 1 m 以下时，其最大突出部分，薄煤层不超过 200 mm，中厚以上煤层不超过 250 mm。

4. 采煤专业推移输送机作业岗位存在哪些隐患？如何处置？

答：隐患内容：

(1) 割煤与推移刮板输送机间距小于 15 m。

(2) 推移刮板输送机顺序不符合要求。

(3) 推移刮板输送机未使用支架推移装置或液压移溜器。

(4) 综采工作面推移输送机时，电缆、管线未摆放好。工作人员站位不符合要求，推移输送机距移架的距离小于 6 m。

(5) 推移机头、机尾前，没有将影响推移机头煤壁侧支柱改好，没有将机头和过渡槽处的浮煤、杂物清理干净，没有清到底板，与顺槽转载机(刮板输送机)的搭接高度不符合要求。

(6) 顶板掉渣，煤壁片帮，瓦斯、煤尘浓度超限。

隐患处置措施：

(1) 推移工作面刮板输送机推移点与采煤机后滚筒距离不少于 15 m，满足设备使用要求。推移刮板输送机必须在运行状态下进行，整机推移完毕应成一条直线。

(2) 推移输送机要由一端向另一端依次进行，不准任意分段或由两端向中间进行移设。倾角较大工作面推移输送机时，必须从下向上逐渐推移。

(3) 综采支架必须利用本身推移装置推移刮板输送机，高档工作面必须使用液压移溜器。

(4) 综采工作面推移输送机时，应把电缆、管线摆放好，防止挤压电缆、水管。工作人员应站在架箱内作业，防止挤伤。推移输送机距移架的距离不得小于 6 m。

(5) 推移机头、机尾前，必须将影响推移机头煤壁侧支柱改好，将机头和过渡槽处的浮煤、杂物清理干净，要清到底板，以防机头上飘及留底煤，推移后要支设平稳并及时补齐支柱，与顺槽转载机(刮板输送机)的搭接高度控制在 300～500 mm 之间。

(6) 工作面推移输送机作业地点必须严格执行敲帮问顶及围岩观测制度，找净煤帮及顶板的活煤、活渣，严禁瓦斯超限作业，做好综合防尘工作，搞好通风管理，将瓦斯、煤尘浓度控制在规程规定浓度以下，确保人员安全。

5. 采煤专业移架作业岗位存在哪些隐患？如何处置？

答：隐患内容：

(1) 顶板破碎、掉渣，瓦斯、煤尘浓度超限。

(2) 降柱幅度低于邻架侧护板时，升架前没有先收回邻架侧护板。

(3) 移架支护与采煤机后滚筒、刮板输送机推移的相互距离，没有在作业规程中明确规定；操作中发现动作失灵和其他故障时，没有按检修操作有关规定及时查明原因正确处理，盲目拆卸，乱敲乱砸；移架时，阻力过大，没有及时查找原因进行处理，硬拉、硬推。

(4) 架前浮煤未清净。

(5) 支架挤架时强拉硬拽。

隐患处置措施：

(1) 带有伸缩梁的支架，割煤后应立即伸出伸缩梁支护顶板，防止在割煤后移架前顶板冒落。严禁瓦斯超限作业，做好综合防尘工作，搞好通风管理，将瓦斯、煤尘浓度控制在规程规定浓度以下，确保人员安全。

(2) 降柱幅度低于邻架侧护板时，升架前应先收回邻架侧护板，待升柱后再伸出邻架侧护板。

(3) 移架支护与采煤机后滚筒、刮板输送机推移的相互距离，应在作业规程中明确规定；操作中发现动作失灵和其他故障时，应按检修操作有关规定及时查明原因正确处理，不准盲目拆卸，乱敲乱砸；移架时，如阻力过大，应及时查找原因进行处理，严禁硬拉、硬推。

（4）架前浮煤必须清净。

（5）使用防滑千斤顶的工作面，移架前先松开防滑千斤顶，检查防滑千斤顶链条是否有卡拌支架情况，所有问题处理好后再进行移架，严禁强拉硬拽。正确选择适宜的移架方式，顶板破碎时要进行超前移架支护，并采用带压擦顶移架。

6. 采煤专业回柱放顶作业岗位存在哪些隐患？如何处置？

答：隐患内容：

（1）顶板掉渣，煤壁片帮，瓦斯、煤尘浓度超限。

（2）回柱时单独作业。

（3）未按照从里向外的顺序。

（4）回孤支柱不符合要求。

隐患处置措施：

（1）工作面放顶工的施工地点必须严格执行敲帮问顶及围岩观测制度，找净煤帮及顶板的活煤、活渣，严禁瓦斯超限作业，做好综合防尘工作，搞好通风管理，将瓦斯、煤尘浓度控制在规程规定浓度以下，确保人员安全。

（2）回柱时必须两人配合作业，一人回柱，一人观顶，观顶人员应站在安全地点，除帮助回柱外不得兼做其他工作，回柱人员严格听从观顶人员指挥；回柱前要先检查周围顶板、支架是否完好，必须将一切不安全因素处理好以后方可开始工作。

（3）回柱必须严格遵守由下往上、由里往外、先柱后梁的放顶顺序。分段回柱时，必须选择顶板好的地方分界，各段分界处必须挡好斜口。各段收尾回收孤支柱时，必须先支设好临时支柱或斜撑棚，严禁强行回柱。分段接茬处应在采空区已冒落的顶板完整处；有断层、破碎带的地点应分在同一段内回收。

（4）回孤支柱时，要先在其外侧打好临时支柱后再回孤支柱，最后回临时支柱。

7. 采煤专业放煤作业岗位存在哪些隐患？如何处置？

答：隐患内容：

（1）放煤工作距采煤机间距不够。

（2）尾梁插板没有升起。

（3）顶板掉渣，煤壁片帮，瓦斯、煤尘浓度超限。

隐患处置措施：

（1）放煤时，放煤工应站在能看清放煤口及本架后刮板输送机运转情况的地点，不得站在架间及刮板输送机上进行操作。

（2）放煤时应逐渐将插板收回，根据煤量大小控制好放煤口大小，摆动尾梁进行放煤；放煤停止，必须升起尾梁，伸出插板。插板伸出要与后部刮板输送机保持一定距离，防止绊后部刮板输送机。

（3）工作面放煤工的施工地点必须严格执行敲帮问顶及围岩观测制度，找净煤帮及顶板的活煤、活渣，严禁瓦斯超限作业，做好综合防尘工作，搞好通风管理，将瓦斯、煤尘控制在规程规定浓度以下，确保人员安全。

8. 采煤专业支架更换立柱作业岗位存在哪些隐患？如何处置？

答：隐患内容：

（1）顶板掉渣，煤壁片帮，瓦斯、煤尘浓度超限。

（2）支架下方没有打点柱。

（3）更换立柱时有人员通过。

（4）拆管子时没有关闭本架进液阀门。

隐患处置措施：

（1）工作面支架更换立柱工的施工地点必须严格执行敲帮问顶及围岩观测制度，找净煤帮及顶板的活煤、活渣，严禁瓦斯超限作业，做好综合防尘工作，搞好通风管理，将瓦斯、煤尘浓度控制在规程规定浓度以下，确保人员安全。

（2）换立柱前要在支架下方打设点柱。

（3）工作面支架更换立柱时严禁行人通过。

（4）更换、拆卸各类液压元件必须在泄压后进行，并在关闭本架及邻架截止阀后进行操作，使支架限位装置处于常闭状态。

9. 采煤专业钻眼作业岗位存在哪些隐患？如何处置？

答：隐患内容：

（1）顶板掉渣，煤壁片帮，瓦斯、煤尘浓度超限。

（2）钻眼时不开喷雾。

（3）机尾没有悬挂便携式甲烷检测报警仪。

（4）刮板输送机未停电闭锁。

（5）施工人员袖口、裤腿未扎紧。

隐患处置措施：

（1）工作面钻眼工的施工地点必须严格执行敲帮问顶及围岩观测制度，找净煤帮及顶板的活煤、活渣，严禁瓦斯超限作业，做好综合防尘工作，搞好通风管理，将瓦斯、煤尘浓度控制在规程规定浓度以下，确保人员安全。

（2）钻眼时要坚持湿式钻眼，如用湿式钻眼有困难时，必须在打眼时洒水，打开喷雾，搞好灭尘工作。

（3）在机尾处和钻眼地点上方要悬挂便携式甲烷检测报警仪，甲烷超限，停止作业，立即处理。

（4）钻眼时至少两人配合作业，严防与钻眼无关的人员进入，刮板输送机要停电闭锁。

（5）施工前，施工人员要把袖口、裤腿扎好，严禁戴手套作业。

10. 采煤专业装卸料作业岗位存在哪些隐患？如何处置？

答：隐患内容：

（1）顶板掉渣，煤壁片帮，瓦斯、煤尘浓度超限。

（2）车辆未停稳蹬车卸料。

（3）车辆未使用专用掩车器。

（4）人员站位不正确。

隐患处置措施：

（1）工作面装卸料工的施工地点必须严格执行敲帮问顶及围岩观测制度，找净煤帮及顶板的活煤、活渣，严禁瓦斯超限作业，做好综合防尘工作，搞好通风管理，将瓦斯、煤尘浓度控制在规程规定浓度以下，确保人员安全。

（2）要在运输物料的车辆停稳后再蹬车卸料。

（3）斜坡装卸物料时，要使用专用的掩车器。

（4）装卸料工要根据现场情况确定装卸料时的站位，装卸物件的倾斜下方严禁站人。

11. 采煤专业巷道维护作业岗位存在哪些隐患？如何处置？

答：隐患内容：

（1）顶板掉渣，煤壁片帮，瓦斯、煤尘浓度超限。

（2）在用点柱未拴柱头。

（3）铰接顶梁未铰接或折断。

（4）点柱初撑力达不到要求。

（5）支柱钻底量超过规定未穿柱鞋。

隐患处置措施：

（1）巷道维护工的施工地点必须严格执行敲帮问顶及围岩观测制度，找净煤帮及顶板的活煤、活渣，严禁瓦斯超限作业，做好综合防尘工作，搞好通风管理，将瓦斯、煤尘浓度控制在规程规定浓度以下，确保人员安全。

（2）巷道维护时对点柱未拴柱头的要拴好柱头。

（3）巷道维护时对铰接顶梁未铰接或折断的要更换铰接顶梁。

（4）巷道维护时要使点柱初撑力不低于 11.5 MPa。

（5）巷道维护时对支柱钻底量超过规定未穿柱鞋的要穿好柱鞋。

12. 采煤专业支架拆装作业岗位存在哪些隐患？如何处置？

答：隐患内容：

（1）顶板掉渣，煤壁片帮，瓦斯、煤尘浓度超限。

（2）拆装支架地点未拉警戒绳。

（3）拆装支架工操作不正确。

（4）无支架防倾倒措施。

隐患处置措施：

（1）支架安装、拆卸工的施工地点必须严格执行敲帮问顶及围岩观测制度，找净煤帮及顶板的活煤、活渣，严禁瓦斯超限作业，做好综合防尘工作，搞好通风管理，将瓦斯、煤尘浓度控制在规程规定浓度以下，确保人员安全。

（2）拖运支架时，绳头与支架必须连接可靠，绳道内不得有人；变向拖运时，必须使用导向滑轮，同时三角区内严禁有人，并拉好警戒绳。

(3) 使用单体液压支柱调整支架时,必须采用远方操作,支柱支设在合适位置,柱头要垫板皮并拴好单体液压支柱;拖运支架过程中,钢丝绳道内禁止有人,如出现啃底、歪斜、拉不动等异常现象,立即停止牵引,检查处理。

(4) 支架在工作面调向时,必须采取防止支架倾倒措施。倾角较大时应采用两台绞车配合,一台绞车防止支架倾倒,另一台绞车调向。支架接顶前防侧倒绞车绳应处于预紧状态。

13. 采煤专业联网作业岗位存在哪些隐患?如何处置?

答:隐患内容:

(1) 顶板掉渣,煤壁片帮,瓦斯、煤尘浓度超限。

(2) 工作面刮板输送机未停电闭锁。

(3) 采煤机距施工地点小于 25 m。

(4) 作业地点 15 m 范围内有人动架。

隐患处置措施:

(1) 施工地点必须严格执行敲帮问顶及围岩观测制度,找净煤帮及顶板的活煤、活渣,严禁瓦斯超限作业,做好综合防尘工作,搞好通风管理,将瓦斯、煤尘浓度控制在规程规定浓度以下,确保人员安全。

(2) 联网施工前要将工作面刮板输送机停电闭锁。

(3) 联网施工前要将采煤机停在合适位置。

(4) 联网地点 15 m 范围内不得有人动架。

14. 采煤专业充填作业岗位存在哪些隐患?如何处置?

答:隐患内容:

(1) 顶板掉渣,煤壁片帮,瓦斯、煤尘浓度超限。

(2) 充填时高压胶管脱落。

(3) 充填不实、垮落。

隐患处置措施:

(1) 施工地点必须严格执行敲帮问顶及围岩观测制度,找净煤帮及顶板的活煤、活渣,严禁瓦斯超限作业,做好综合防尘工作,搞好通风管理,将瓦斯、煤尘浓度控制在规程规定浓度以下,确保人员安全。

(2) 施工前检查各高压胶管连接情况及管路完好情况,发现问题及时处理。

(3) 施工前按照规定要求,配置充填物材料或比例。

15. 采煤专业煤层注水作业岗位存在哪些隐患? 如何处置?

答:隐患内容:

(1) 顶板掉渣,煤壁片帮,瓦斯、煤尘浓度超限。

(2) 注水器不通畅。

(3) 压力不符合要求。

(4) 注水时间或水量少。

隐患处置措施:

(1) 煤层注水工的施工地点必须严格执行敲帮问顶及围岩观测制度,找净煤帮及顶板的活煤、活渣,严禁瓦斯超限作业,做好综合防尘工作,搞好通风管理,将瓦斯、煤尘浓度控制在规程规定浓度以下,确保人员安全。

(2) 及时更换不通畅的注水器。

(3) 注水压力要符合要求。

(4) 按照规定的时间和水量进行注水。

二、掘进专业隐患识别与处置

16. 掘进专业锚杆支护作业岗位存在哪些隐患? 如何处置?

答:隐患内容:

(1) 临时支护使用不合格。

(2) 安全设施未按规定使用。

(3) 施工现场有害气体浓度超过规定。

(4) 施工现场及后巷顶帮支护不完好。

(5) 锚杆(索)支护顶、帮滞后距离超过作业规程规定。

(6) 锚杆支护巷道出现顶板离层、开裂,下沉量达到 150 mm 以上,未采取加强支护措施。

(7) 锚索支护巷道未按设计要求打注锚索、锚索长度不足、截锚杆(索)。

(8) 连续 3 根及以上锚杆失效。

(9) 临时支护不符合要求或使用不合格。

(10) 空顶距离超过作业规程规定。

(11) 顶板有危岩,未敲帮问顶。

(12) 锚杆使用锚固剂的数量、质量、品种不符合作业规程要求。

(13) 不按照措施要求对支护锚杆进行拉拔力试验。

(14) 顶部锚杆没有按照从外到迎头顺序施工。

(15) 将回收的锚杆修复后用于巷道顶板的主体支护。

(16) 利用正常支护的锚杆(索)、钢带、架棚起吊或牵引物件。

(17) 锚杆距肩窝或锚杆距底板的距离超过设计规定。

(18) 锚杆(索)角度、外露长度超过作业规程规定。

(19) 锚索预紧力不足,锚索安装角度与设计偏差5°以上。

隐患处置措施:

(1) 严格按照作业规程中规定的支护参数进行临时支护,严禁空顶作业。

(2) 严格按照作业规程中的规定使用好安全设施,不完好的安全设施立即更换。

(3) 有害气体浓度超过规定时,作业人员戴好自救器,立即沿避灾路线撤离,或就近撤至避难硐室避难。

(4) 严格按措施规定对迎头及后巷进行支护,发现支护不完好的地点立即支护。

(5) 严格按照规程中的规定支护锚(杆)索,锚(杆)索滞后时停止其他作业补打锚(杆)索。

(6) 锚杆支护巷道出现顶板离层、开裂严重现象,或下沉量达到150 mm以上时,应立即采取补强加固措施,补打锚杆(索)加固。

(7) 加强隐蔽工程管理,锚索支护巷道严格按照设计施工锚索,严禁出现锚索长度不足、截锚杆(索)现象。

(8) 发现连续3根及以上锚杆失效时,应立即在失效地点补打锚杆或锚索加强支护。

(9) 严格按照临时支护图进行临时支护,不符合要求或不合格立即调整。

(10) 空顶距离超过作业规程规定时,立即进行临时支护,临时支护后再进行永久支护。

(11) 发现顶板有危岩时,安排专人敲帮问顶,敲掉危岩活矸。

(12) 加强作业人员管理,验收人员现场监督落实,严格按照规程中的规定使用锚固剂。

(13) 严格按照规程规定对锚杆进行拉拔力试验,不符合要求时及时补打。

(14) 顶部锚杆应按照由外向里的顺序施工,严禁跳打。

(15) 巷道正常顶板支护应使用完好的新锚杆,严禁使用修复锚杆。

(16) 现场需起吊或牵引物件时,必须重新布置锚杆或锚索,严禁使用正常支护的锚杆(索)、钢带、架棚,避免破坏支护。

(17) 严格按照规程要求参数进行支护,距离超过设计规定时,应补打锚杆。

(18) 加强工程质量管理,锚索外露超长时应及时截断,角度不符合要求时及时补打。

(19) 加强工程质量管理,锚索预紧力不足时应重张紧,若失效应重新补打,锚索安装角度与设计偏差5°以上时应及时补打。

17. 掘进专业喷浆作业岗位存在哪些隐患?如何处置?

答:隐患内容:

(1) 施工现场有害气体浓度超过规定。

(2) 在带电架线下拌料。

(3) 斜巷内拌料、上料,车辆未采取固定措施。

(4) 处理堵塞时未停压风的。

(5) 喷浆材料质量不合格或未按规定配比拌料。

(6) 预先将速凝剂拌入料中。

(7) 处理堵塞或喷浆作业时,喷射口前方有人。

(8) 未进行初喷或初喷不符合规定。

(9) 喷浆厚度不符合规定。

(10) 喷浆作业时,未开启喷雾降尘。

(11) 巷道内有失效锚杆未处理就喷浆封闭。

隐患处置措施:

(1) 有害气体浓度超过规定时,作业人员戴好自救器,立即沿避灾路线撤离,或就近撤至避难硐室避难。

(2) 拌料前应选择在顶、帮支护完好的安全地点,严禁在带电架线下拌料。

(3) 斜巷内拌料、上料时,应对车辆采取阻车措施,防止车辆下滑或跑车。

(4) 管路堵塞时,应停掉压风进行处理。

(5) 严格按照规程配比配注浆材料,对质量不合格的材料停止使用并更换。

(6) 严格按照措施规定拌入速凝剂。

(7) 处理堵塞或喷浆作业时,应提醒作业人员撤至后方安全地点。

(8) 严格按照措施规定进行初喷,再进行复喷。

(9) 加强工程质量管理,严格按照规定喷浆,并打眼检查喷浆厚度是否符合要求。

(10) 喷浆作业前,确认喷雾完好,喷浆时开启喷雾降尘。

(11) 喷浆前先进行检查,发现巷道内有失效锚杆补打后再喷浆封闭。

18. 掘进专业架棚支护作业岗位存在哪些隐患?如何处置?

答:隐患内容:

(1) 临时支护使用不合格。

(2) 安全设施未按规定使用。

(3) 架棚巷道、炮掘工作面、整体加固长度不够。

(4) 施工现场有害气体浓度超过规定。

(5) 无牢固工作平台。

(6) 利用正常支护的锚杆(索)、钢带、架棚起吊或牵引物件。

(7) 连续 5 棚棚腿赤脚的。

(8) 架棚巷道迎头 10 m 整体加固数量不够或使用不完好。

(9) 巷道三、四角门抬棚未按规定施工和管理的。

(10) 拆除原有支护后，未及时架设临时支护。

(11) 架棚支护未按规程措施规定接顶或巷道接顶不实。

(12) 拱型棚卡缆的螺母扭矩不够、卡缆失效或不配套、搭茬距离不符合规定。

(13) 架棚巷道棚腿未栽在实底或软底未穿鞋赤脚的。

(14) 连续3棚前倾后仰、调斜超过规定的。

(15) 巷帮未按措施背帮接实的。

隐患处置措施：

(1) 严格按照作业措施中规定的支护参数进行临时支护，严禁空顶作业。

(2) 严格按照作业规程中的规定使用好安全设施，不完好的安全设施立即更换。

(3) 严格按照安全技术措施中的规定对巷道进行加固，加固不到位时立即停止作业进行加固。

(4) 有害气体浓度超过规定时，作业人员戴好自救器，立即沿避灾路线撤离，或就近撤至避难硐室避难。

(5) 搭设平台后要进行安全确认，检查作业平台的牢固程度，发现不牢固时应立即处理。

(6) 现场需起吊或牵引物件时，必须重新布置锚杆或锚索，严禁使用正常支护的锚杆(索)、钢带、架棚，避免破坏支护。

(7) 发现棚腿赤脚时，应立即补打锚杆支护固定棚腿。

(8) 架棚前，按照措施规定对巷道迎头10 m整体进行加固。

(9) 严格按照措施规定施工和管理。

(10) 拆除原有支护后，应及时架设临时支护，严禁空顶作业。

(11) 架棚支护时，应按规程措施规定背顶，确保接顶。

(12) 架棚时，验收人员监督落实，确保拱型棚卡缆的螺母扭矩、搭茬距离符合规定。

(13) 架棚时，必须在巷道底板掏好柱窝，确保棚腿与巷道硬底接触。

(14) 严格按照措施支护参数架棚，出现前倾后仰等情况时及时调整。

(15) 架棚支护时,应按规程措施规定背帮,确保接实帮部。

19. 掘进专业钻眼作业岗位存在哪些隐患?如何处置?

答:隐患内容:

(1) 未按爆破作业图表钻眼。

(2) 干钻眼、不执行综合防尘措施。

(3) 锚杆机钻进速度太快或顶推过猛钻杆弯曲甩出,伤害作业人员。

(4) 凿岩机司机站位不正确,造成凿岩机歪倒或断钎伤人事故。

(5) 多台凿岩机交叉作业,断钎可能造成伤人事故。

(6) 施工现场有害气体浓度超过规定。

(7) 回钻杆时用力过猛,造成凿岩机歪倒伤人事故。

隐患处置措施:

(1) 严格按照措施规定布置炮眼,避免出现爆破效果不好或其他爆破事故的发生。

(2) 打眼必须采用湿式打眼,严禁干打眼,确需干打眼时,必须有捕尘措施。

(3) 操作锚杆机时,顶推用力适度,钻进速度适中。

(4) 凿岩机司机扶钻时要躲开眼口的方向,站在凿岩机侧面,两腿前后错开，脚蹬实底，不得踩空或骑在气腿上钻眼。

(5) 多台凿岩机同时钻眼时，要划分好区域，做到定钻具、定钻工、定位置、定眼数和定责任，不得上下交叉作业。

(6) 有害气体浓度超过规定时，作业人员戴好自救器，立即沿避灾路线撤离，或就近撤至避难硐室避难。

(7) 回钻杆时，用力均匀，多人协调配合时，步调一致，同时用力。

20. 掘进专业液压钻车作业岗位存在哪些隐患？如何处置？

答：隐患内容：

(1) 施工现场有害气体浓度超过规定。

(2) 未按爆破作业图表钻眼。

(3) 干钻眼、不执行综合防尘措施。

(4) 开机未开水，干钻眼。

(5) 液压钻车管路漏液，造成设备损坏。

(6) 钻车移动时，移动范围内有人作业，容易发生伤人事故。

(7) 钻车钻进时，钻车钻臂摆动范围内有人，容易碰伤人员。

(8) 钻车移动时，无人负责照看钻车电缆，容易损坏电缆引发机电事故。

(9) 钻车行走时，支腿未升起，钻车可能侧翻伤人。

隐患处置措施：

(1) 有害气体浓度超过规定时，作业人员戴好自救器，立即沿避灾路线撤离，或就近撤至避难硐室避难。

(2) 严格按照措施规定布置炮眼，避免出现爆破效果不好或其他爆破事故的发生。

(3) 打眼必须采用湿式打眼，严禁干钻眼。

(4) 开机前必须开水，严禁干钻眼。

(5) 钻车钻进前进行试运转，确保管路完好；钻车钻进过程中，发现管路漏液的立即停止作业，并进行处理。

(6) 钻车移动时，移动范围内严禁站人。

(7) 钻车打眼时，钻车钻臂摆动范围内严禁有人。

(8) 钻车移动时，必须有专人负责照看钻车电源电缆。

(9) 钻车移动前,必须将支腿升起至距离地面 100 mm 以上。

21. 掘进专业装卸料作业岗位存在哪些隐患?如何处置?

答:隐患内容:

(1) 施工现场有害气体浓度超过规定。

(2) 装载作业人员未学习作业规程和施工安全技术措施。

(3) 装载前,未敲帮问顶,空顶作业。

(4) 装载前,未对作业现场洒水,产生粉尘。

(5) 装载前,未检查装载设备,未确认安全保护设施是否齐全有效。

(6) 装载时,存在直径大于 300 mm 大块煤(岩)。

(7) 向矿车内装煤时超过车帮,装岩过满。

(8) 装载完毕后,未清扫装载机。

(9) 装载机未悬挂好电缆。

(10) 半煤岩巷掘进时煤岩未分装、分运。

隐患处置措施:

(1) 有害气体浓度超过规定时,作业人员戴好自救器,立即沿避灾路线撤离,或就近撤至避难硐室避难。

(2) 安全技术措施审批结束后,技术员、技术副队长负责向所有参加施工的人员贯彻学习,并做好贯彻记录。

(3) 装载前,严格按照规定安排专人敲帮问顶,敲掉危岩活矸,严禁出现空顶作业现象。

(4) 装载前,及时开启水源对巷道洒水降尘。

(5) 装载前,对装载设备进行全面检查,确认安全保护设施齐全有效后方可开机。

(6) 装载前,应对大块煤(岩)进行破碎。

(7) 严格按照规定装车,向矿车内装煤(岩)时严禁超过车帮。

(8) 装载完毕后,应及时清扫装载机。

(9) 严格按照规定对电缆进行吊挂,避免交叉缠绕等现象。

(10) 半煤岩巷掘进时,应集中出矸或煤,或安排人员进行煤矸分流。

22. 掘进专业巷道维护作业岗位存在哪些隐患？如何处置？

答：隐患内容：

(1) 施工现场有害气体浓度超过规定。

(2) 非独头巷道两个相向修护点之间的距离小于 20 m。

(3) 锚喷巷道修护时违反措施规定，超循环进尺。

(4) 拆除原有支护后，未及时架设临时支护。

(5) 巷道修护时未按照由外向里、先顶后帮的顺序施工。

(6) 处理高冒巷道找顶工具与措施要求不符合。

(7) 更换巷道支护前，未采取加固措施。

(8) 人员进入未临时支护的严重失修区域作业。

(9) 失修巷道修护时未挂警示牌。

(10) 后路不畅或积矸、浮煤超过规定继续施工。

(11) 倾斜巷道修护时无隔离措施分段平行进行施工。

隐患处置措施：

(1) 有害气体浓度超过规定时，作业人员戴好自救器，立即沿避灾路线撤离，或就近撤至避难硐室避难。

(2) 非独头巷道两个相向修护点之间的距离小于 20 m 时，立即停止一个修护点的作业。

(3) 锚喷巷道修护时，严格按照措施规定维修，避免循环进尺过大发生顶板事故。

(4) 拆除原有支护后，应及时架设临时支护，严禁空顶作业。

(5) 巷道修护时要坚持由外向里、先顶后帮的原则。

(6) 处理高冒巷道找顶时，严格按照措施规定配备找顶工具。

(7) 更换巷道支护前，必须先对巷道进行加固。

(8) 人员进入严重失修区域作业时，应先进行临时支护，确保安全后方可作业。

(9) 失修巷道修护时，应按规定设置警示牌，防止其他人员进入失修区域。

(10) 巷道维修过其他作业前，必须清理后巷的积矸或工具，确保后路畅通。

(11) 倾斜巷道修护时，必须按照措施规定采取隔离措施。

23. 掘进专业耙斗式装载机操作作业岗位存在哪些隐患？如何处置？

答：隐患内容：

(1) 高瓦斯区域、煤与瓦斯突出危险区域煤巷掘进工作面使用钢丝绳牵引耙装机。

(2) 斜巷施工使用的耙装机没有防止机身下滑。

(3) 斜巷挪移耙装机时耙装机下方有人工作或停留。

(4) 耙装机没有安设封闭式金属挡绳栏和防止耙斗出槽的护栏。

(5) 耙装机运行时，在耙斗运行范围内进行其他工作和行人。

(6) 上山施工倾角大于20°时，在司机前方没有安设护身柱或者挡板，没有在耙装机前方增设固定装置。

(7) 没有按照岗位安全操作规程要求作业，倒耙浮煤。

(8) 耙装时过渡槽下口有人员工作或停留。

(9) 耙装机耙岩完毕后，没有将操纵把放在松闸位置，没有切断电源，卸下操纵把。

(10) 耙装机钢丝绳在一个捻距内断丝断面积或磨损减少的断面积超过原钢丝绳截面积25%时，没有及时更换，使用断股和接疙瘩的钢丝绳。

(11) 卡轨器等安全设施不全或未正常使用。

(12) 耙装机部件不完整继续使用。

(13) 耙装机回头轮挂在架棚棚梁和棚腿、支护锚杆或钢带上。

(14) 耙装时未执行防尘措施。

隐患处置措施：

(1) 严格执行《煤矿安全规程》中“高瓦斯、煤与瓦斯突出和有煤尘爆炸危险矿井的煤巷、半煤岩巷掘进工作面和石门揭煤工作面，严禁使用钢丝绳牵引的耙装机”的规定。

(2) 倾斜井巷使用耙装机时，必须有防止机身下滑的措施。

(3) 移动耙装机时，必须制定专项安全技术措施；在倾斜井巷移动耙装机时，下方不得有人。

(4) 耙装机必须装有封闭式金属挡绳栏和防止耙斗出槽的护栏。

(5) 耙装机运行时，严禁在耙斗运行范围内进行其他工作和行人。

(6) 上山施工倾角大于 20°时，在司机前方必须设护身柱或者挡板，并在耙装机前方增设固定装置。

(7) 严格按照岗位安全操作规程要求作业，不得倒耙浮煤。

(8) 耙装时过渡槽下口严禁人员工作或停留。

(9) 耙装机耙岩完毕，应将操纵把放在松闸位置，切断电源，卸下操纵把。

(10) 耙装机钢丝绳在一个捻距内断丝断面积或磨损减少的断面积超过原钢丝绳截面积 25%时，必须更换，严禁使用断股和接疙瘩的钢丝绳。

(11) 耙装作业前，要检查耙装机完好情况，确保卡轨器等安全设施健全，并正常使用。

(12) 耙装机部件不完整的，不得使用。

(13) 耙装机作业前必须将机身和尾轮固定牢靠，特别是悬挂尾轮的固定楔，应根据岩层性质选用不同的固定方式。不准将尾轮悬挂在棚梁、棚腿、支护锚杆或钢带上。

(14) 耙岩作业前必须洒水降尘，并要随装随洒水。

24. 掘进专业铲斗式装载机操作作业岗位存在哪些隐患？如何处置？

答：隐患内容：

(1) 装载机开机前未检查完好情况、未进行试运转。

(2) 电气系统在淋水条件下工作没有防水措施。

(3) 装载机装岩时，电缆没有悬挂好，装载机行走段的电缆没有专人扶持。

(4) 装载机装岩时，扶送电缆人员精神不集中。

(5) 装岩时，装载机行走范围有人工作或停留。

(6) 铲斗举起后，其下方有人或过人。

(7) 需在铲下检修，铲斗抬起后，未在铲斗下方架设牢固可靠的安全保护。

(8) 需在铲下检修,而未切断装载机电源。

(9) 打眼与装岩平行作业时,其铲斗与打眼人员间距不符合作业规程要求。

(10) 装岩前未洒水降尘。

隐患处置措施:

(1) 装岩前,司机应对装载机进行全面检查,并进行试运转。

(2) 电气系统在淋水条件下工作要有防水措施。

(3) 装岩时,电缆必须悬挂好,装载机行走段的电缆必须有专人扶送和保护,防止挤压、拖地和拉坏。

(4) 扶送电缆人员要精神集中,防止受伤。

(5) 装岩时,装载机行走范围严禁有人工作或停留。

(6) 铲斗举起后,严禁其下方有人或过人。

(7) 如需在铲下检修时,铲斗抬起后,必须为铲斗穿好保险销,或在铲斗下方架设牢固可靠的安全保护支撑架,方可进行检修作业。

(8) 如需检修装载机时,必须切断电源,方可进行检修作业。

(9) 打眼与装岩平行作业时,装载机铲斗与打眼人员间距不得少于 6 m,否则打眼不装岩,装岩不打眼。

(10) 装岩前必须洒水降尘,并要随装随洒水。

25. 掘进专业挖掘式装载机操作作业岗位存在哪些隐患?如何处置?

答:隐患内容:

(1) 装载机开机前未检查完好情况、未进行试运转。

(2) 装载机工作时,升起的铲斗周围有人靠近。

(3) 装载机运行过程中试图跨越较大障碍物。

(4) 装载机行走时,电缆没有及时收放或收缆时没有撤离电缆附近人员。

(5) 装载机行走时未关闭装载机构。

(6) 装载机工作时,未使用冷却水(或风冷)对液压系统进行降温。

(7) 装载机工作时,油箱内油温或回油温度超过规定时,未停机冷却。

(8) 装载机下坡运行时速度过快或脱挡滑行。

(9) 2台以上装载机同时作业或者与抓岩机同时作业时,没有设专人指挥。

(10) 爆破作业前,挖掘机未停放在安全地点。

(11) 装载机停放时,铲斗未触底板且未关闭电源并闭锁。

(12) 装载机在斜坡上停放,未打好支掩。

(13) 装载机作业段内照明不足。

隐患处置措施:

(1) 装载机司机应在工作前对装载机进行全面检查,并进行试运转。

(2) 装载机工作时,非操作人员不能靠近。

(3) 装载机行走时底板要清除大于200 mm的障碍物,装载机不得试图跨越较大障碍物。

(4) 装载机行走时,要及时收放电缆,收缆时要撤离电缆附近的人员;严禁挤压电缆。

(5) 装载机工作时运输槽放下紧贴底板(轨面),方可开始挖取煤矸及向后输送。在运矸马达工作时,挖装机不能行走。装载机行走时必须关闭装载机构。

(6) 装载机工作时,必须使用冷却水(或风冷)对液压系统进行降温。

(7) 油箱内油温或回油温度超过规定时,必须停机冷却,并做间歇式工作,检查油温升高的原因,处理好后再开机。

(8) 下坡运行时必须使用低速挡,严禁脱挡滑行,跨越轨道时必须有防滑措施。

(9) 2台以上装载机同时作业或者与抓岩机同时作业时,应当明确各自的作业范围,并设专人指挥。

(10) 在爆破之前,装载机应停在安全地点,采取措施进行掩护。

(11) 装载机停放时,铲斗应轻触底板,运输槽降至最低位,关闭电源并闭锁。

(12) 装载机在斜坡上停放时,为防止其下滑,应在履带底下垫放三角木支掩。

(13) 装载机作业范围内必须有充足的照明。

三、"一通三防"专业隐患识别与处置

26. "一通三防"专业通风设施工作业岗位存在哪些隐患？如何处置？

答:隐患内容:

(1) 劳保用品佩戴不齐全。

(2) 施工地点通风不好,瓦斯、二氧化碳等有害气体浓度超过《煤矿安全规程》的规定。

(3) 施工人员随身携带的小型材料和工具未拿稳,利刃工具未装入套,材料未捆扎牢固。

(4) 密闭周边有漏风现象,风水管路、电缆、轨道等导电材料在密闭墙前 2 m 处未断开。

(5) 在有电缆、管路处施工时,未妥善保护好电缆、管路。

(6) 风门的墙体厚度(最上部)小于 800 mm,墙体前后裙边宽度小于 100 mm,厚度小于 5 mm。

(7) 调节风窗洞、刮板输送机洞、风筒洞等防逆风装置不齐全、不灵活、不可靠。

(8) 密闭观察孔、措施孔、反水池未按标准要求留设。

(9) 密闭墙距巷道口大于 2 m 未设置栅栏。

隐患处置措施:

(1) 劳保用品佩戴齐全。

(2) 施工地点必须通风良好,瓦斯、二氧化碳等有害气体浓度不超过《煤矿安全规程》的规定。

(3) 施工人员随身携带的小型材料和工具要拿稳,利刃工具要装入套,材料要捆扎牢固,防止触碰到其他物品。

(4) 密闭周边无漏风,风水管路、电缆、轨道等导电材料在密闭墙前 2 m 处断开。

(5) 在有电缆、管路处施工时,要妥善保护好电缆、管路,防止

碰坏。

(6) 风门的墙体厚度(最上部)不得小于 800 mm,墙体前后要求抹有宽度不小于 100 mm 的裙边,厚度不小于 5 mm。

(7) 调节风窗洞、刮板输送机洞、风筒洞等防逆风装置齐全、灵活、可靠。

(8) 密闭观察孔、措施孔、反水池按标准要求留设。

(9) 密闭墙距巷道口大于 2 m 的应设置栅栏,栅栏上要吊挂禁止入内牌板。

27. “一通三防”专业风筒移节作业岗位存在哪些隐患?如何处置?

答:隐患内容:

(1) 劳保用品佩戴不齐全。

(2) 风筒的吊挂未做到逢环必挂且未拉紧,吊挂未做到平、直、稳。

(3) 风筒的接头不严密漏风,有反接头,压边不到位。

(4) 同一巷道中风筒的直径不一致,异径风筒未使用过渡节连接。

(5) 未经常检查在用风筒的质量。

(6) 风筒末端距工作面的距离,未在作业规程中规定。

(7) 风筒拐弯处未缓慢拐弯。

(8) 风筒未做到“五不让”。

隐患处置措施:

(1) 劳保用品佩戴齐全。

(2) 风筒的吊挂要逢环必挂并拉紧,吊挂要做到平、直、稳。

(3) 风筒的接头要严密不漏风,无反接头,压边到位。

(4) 同一巷道中风筒的直径要保持一致,异径风筒必须使用过渡节连接,且要先大后小,不准花接。

(5) 经常检查在用风筒的质量,发现有破口、漏风的,要及时修补。

(6) 风筒末端距工作面的距离,必须在作业规程中明确规定,原则上,低瓦斯工作面煤巷、半煤岩巷不大于 10 m,岩巷不大于 15 m;石门揭煤工作面或高瓦斯区域工作面煤巷、半煤岩巷不大于 5 m,岩巷不大于 10 m。

(7) 风筒拐弯处要缓慢拐弯,不准拐死弯。

(8) 风筒做到“五不让”:即不让风筒落后工作面的距离超过作业规程的规定、不让风筒脱节破裂、不让别人改变风筒的位置和方向、不让风筒堵塞不通、不让风筒浸在水中。

28. “一通三防”专业防尘作业岗位存在哪些隐患? 如何处置?

答:隐患内容:

(1) 劳保用品佩戴不齐全。

(2) 防尘管路、设备不完好,配套设施不齐全。

(3) 作业地点粉尘浓度超标,巷道内有粉尘堆积。

(4) 采掘工作面粉尘浓度监测探头吊挂地点不符合规定。

(5) 未按规定周期对巷道进行冲洗,无冲尘台账记录。

(6) 冲尘期间,抱喷头人员未穿戴绝缘靴及绝缘手套。

隐患处置措施:

(1) 劳保用品佩戴齐全。

(2) 防尘管路、设备完好,配套设施齐全。

(3) 作业地点粉尘浓度不超标,巷道内无粉尘堆积。

(4) 采掘工作面粉尘浓度监测探头吊挂地点符合规定。

(5) 按规定周期对巷道进行冲洗,并做好冲尘台账记录。

(6) 冲尘期间,抱喷头人员必须穿戴绝缘靴及绝缘手套。

29. “一通三防”专业煤层注水作业岗位存在哪些隐患? 如何处置?

答:隐患内容:

(1) 劳保用品佩戴不齐全。

(2) 注水工具及维护工具未携带齐全。

(3) 打注水孔前未认真检查工作面的支护情况、煤层情况及注水管、阀门、封孔器的安全情况。

(4) 煤层注水钻孔位置、角度、孔径、孔深、孔距、封孔及注水压力、流速、流量等未按照设计和作业规程的要求执行。

(5) 注水过程中,未观察周围环境。

隐患处置措施:

（1）劳保用品佩戴齐全。

（2）注水工具及维护工具携带齐全，并确保完好。

（3）打注水孔前必须认真检查工作面的支护情况、煤层情况及注水管、阀门、封孔器的安全情况，保证注水工作的安全顺利进行。

（4）煤层注水钻孔位置、角度、孔径、孔深、孔距、封孔及注水压力、流速、流量等必须按照设计和作业规程的要求执行。

（5）注水过程中，注意观察周围环境，发现隐患及时处理。

30．“一通三防”专业测风作业岗位存在哪些隐患？如何处置？

答：隐患内容：

（1）仪器仪表携带不齐全、不完好。

（2）未对矿井风量进行全面测定，巷道贯通、通风系统调整等情况未及时进行风量测定。

（3）测风地点选择不正确。

（4）测风方法选择不正确，未按操作规程要求进行操作。

（5）每一测风地点的测量次数少于3次，未取平均值。

（6）测风时风表距人体及巷道顶、帮、底部的距离小于200 mm。

（7）测风后未及时测定瓦斯和二氧化碳浓度、温度等，所测结果未及时填写测风手册和测风牌板。

（8）测风手册和测风牌板数据内容填写不正确，测风牌板吊挂不规范。

（9）测风时，未注意测风地点过往车辆及行人。

隐患处置措施：

（1）仪器仪表携带齐全、完好。

（2）定期对矿井风量进行全面测定，巷道贯通、通风系统调整等情况必须及时进行风量测定。

（3）测风地点选择正确。

（4）测风方法选择正确并按操作规程要求进行操作。

（5）每一测风地点的测量次数应不少于3次，然后取平均值。3次测量误差彼此不超过5%。

（6）测风时风表距人体及巷道顶、帮、底部的距离不小于200 mm。

(7) 测风后应及时测定瓦斯和二氧化碳浓度、温度等,所测结果应及时填写测风手册和测风牌板。

(8) 测风手册和测风牌板数据内容填写正确,测风牌板吊挂规范。

(9) 测风时,注意测风地点过往车辆及行人。

31. “一通三防”专业测尘作业岗位存在哪些隐患? 如何处置?

答:隐患内容:

(1) 未检查测尘仪器,外表不清洁、附件不齐全、电键或旋转按钮不灵敏不可靠。

(2) 未根据测尘地点和采样数量准备好使用仪表、工具及其附件。

(3) 未带全仪器、仪表、工具和记录本等。仪器未随身携带。

(4) 未观察采样地点、顶板、运输等情况。

(5) 测点的选择和布置不符合规定要求。

(6) 每个测尘地点连续测定的数据少于 3 个,未取其平均值。

(7) 采样地点未设在回风侧,仪器的采样口未迎向风流。

(8) 采样高度不符合 1.5 m 左右要求。

隐患处置措施:

(1) 检查测尘仪器,做到外表清洁、附件齐全、电键或旋转按钮灵敏可靠。

(2) 根据测尘地点和采样数量准备好使用仪表、工具及其附件。

(3) 带全仪器、仪表、工具和记录本等。仪器必须随身携带,严禁碰撞挤压。

(4) 观察采样地点、顶板、运输等情况,以保证工作中的自身安全。

(5) 测点的选择和布置符合规定要求。

(6) 每个测尘地点连续测定的数据不少于 3 个,并取其平均值。

(7) 采样地点设在回风侧,仪器的采样口必须迎向风流。

(8) 采样高度在不妨碍工人操作的前提下,一般为 1.5 m 左右。

32. “一通三防”专业制氮与注氮作业岗位存在哪些隐患? 如何处置?

答:隐患内容:

(1) 劳动防护用品穿戴不齐全。

(2) 操作阀门和操作按钮不灵活、不可靠。

(3) 注氮系统及管路不完好。

(4) 观测仪表不正常,压缩机运转声音不正常。

(5) 注氮记录数据内容填写不正确。

(6) 未按规定每运行半小时填写一次运转记录。

隐患处置措施:

(1) 劳动防护用品穿戴齐全。

(2) 操作阀门和操作按钮灵活、可靠。

(3) 注氮系统及管路完好。

(4) 观测仪表正常,压缩机运转声音正常。

(5) 做好注氮记录,数据内容填写正确。

(6) 按规定每运行半小时填写一次运转记录。

33. "一通三防"专业制浆与注浆作业岗位存在哪些隐患?如何处置?

答:隐患内容:

(1) 劳动防护用品穿戴不齐全。

(2) 注浆站顶板不完好,温度、有害气体浓度超标。

(3) 润滑部位缺油,注浆泵不清洁。

(4) 测试注浆泵安全阀不灵敏、不可靠。

(5) 注浆结束前,未对泵头部位全部拆卸、清理、涂油装好。

(6) 未填写钻孔注浆数据。

隐患处置措施:

(1) 劳动防护用品穿戴齐全。

(2) 注浆站顶板完好,温度、有害气体浓度不超标。

(3) 润滑部位不缺油,注浆泵清洁卫生。

(4) 测试注浆泵安全阀确保灵敏、可靠。

(5) 注浆结束前,对泵头部位要全部拆卸、清理、涂油装好。

(6) 填写钻孔注浆数据。

34. “一通三防”专业通风木工作业岗位存在哪些隐患？如何处置？

答：隐患内容：

（1）安装、维修风门前，未检查作业场所附近顶板情况。

（2）在机运巷道工作时，未设安全警戒。

（3）在架线巷道中设风门及进行有关工作时，没有先与有关单位联系停电、挂好“有人工作，不准送电”停电牌、设好临时地线及保护好架线措施就施工。

（4）风门未朝顺风方向倾斜一定角度。

（5）在有电缆线、管路处施工时，未妥善保护电缆、管路。需移动高压电缆时，没有事先与机电管理部门取得联系。

（6）在立眼或急倾斜巷道中施工时，未系安全带并制定安全措施。

（7）人力运料时，用刮板输送机及带式输送机运送材料。

（8）井下材料乱堆乱放，影响运输、通风、行人。

（9）发现车辆长时间停在风门处时，未令其推走；维修风门时，两道风门同时打开。

（10）烘干木料时，脱离工作岗位。

（11）在木工房内吸烟、生火炉；特殊情况必须生火炉时，没有制定安全措施，并报上级批准。

隐患处置措施：

（1）安装、维修风门前，必须检查作业场所附近顶板情况。

（2）在机运巷道工作时，必须设安全警戒。

（3）在架线巷道中设风门及进行有关工作时，必须先与有关单位联系停电、挂好“有人工作，不准送电”停电牌、设好临时地线并有保护好架线措施。

（4）根据风压大小，风门必须朝顺风方向倾斜一定角度。

（5）在有电缆线、管路处施工时，必须妥善保护电缆、管路。需移动高压电缆时，必须事先与机电管理部门取得联系。

（6）在立眼或急倾斜巷道中施工时，必须系安全带并制定安全措施。

(7) 人力运料时，禁止用刮板输送机及带式输送机运送材料。

(8) 禁止井下材料乱堆乱放，以免影响运输、通风、行人。

(9) 发现车辆长时间停在风门处时，必须令其推走；维修风门时，两道风门严禁同时打开。

(10) 烘干木料时，严禁脱离工作岗位。

(11) 禁止在木工房内吸烟、生火炉；特殊情况必须生火炉时，必须制定安全措施，并报上级批准。

35. "一通三防"专业瓦斯检测仪器检修工岗位存在哪些隐患？如何处置？

答：隐患内容：

(1) 检修的镜片有影响光谱的划痕、掉块。

(2) 装配镜片时，底部没靠紧松动。

(3) 镜片擦拭不净，有灰尘、指纹。

(4) 不填写维修记录。

(5) 班中脱岗、睡觉，影响维修。

隐患处置措施：

(1) 检修的镜片应无影响光谱的划痕、掉块。

(2) 装配镜片时，底部靠紧无松动。

(3) 镜片擦拭干净，无灰尘、指纹。

(4) 填写维修记录。

(5) 禁止班中脱岗、睡觉，影响维修。

四、机电专业隐患识别与处置

36. 机电专业带式输送机司机操作作业岗位存在哪些隐患？如何处置？

答：隐患内容：

(1) 带式输送机司机未交接班。

(2) 驱动部位护栏、警示标缺损不及时处理。

(3) 机头、机尾滚筒处防护栏不合格或缺损没有及时处理。

(4) 机头的消防设施不齐全、不完好没有及时处理。

(5) 转载点喷雾装置不完好启动带式输送机。

(6) 带式输送机运行时清理滚筒转动部位的浮煤或杂物。

(7) 处理输送带跑偏时直接用手、脚及身体的其他部位接触输送带。

(8) 在输送带运行时调整输送带跑偏。

(9) 在输送带运行时更换托辊。

(10) 综合保护装置、安全设施或信号系统不齐全、不完好启动输送机。

(11) 综合保护装置、安全设施不齐全、不完好没有及时处理。

(12) 未按规定进行保护试验。

(13) 机头、机尾未按规定支设压柱、地锚或失效。

(14) 应设过桥而未及时设置。

(15) 在停运的输送带上行走。

(16) 无措施在停运的输送带上作业。

(17) 停机处理故障、卡堵未按要求停电、闭锁、上锁或未挂停电牌。

隐患处置措施：

(1) 带式输送机司机严格执行交接班制度，做到现场手把手认真交接班。

(2) 加强机头设施设备的检查与检修，确保各种设施完好。

(3) 机头、机尾滚筒处防护栏严格按照标准进行防护安装。

(4) 配齐消防设施，不完好的及时更换。

(5) 加强转载点喷雾装置的检修，确保启动带式输送机时处于完好状态。

(6) 清理滚筒转动部位的浮煤或杂物时应将带式输送机停机闭锁。

(7) 处理输送带跑偏时应用专用工具处理，严禁直接用手、脚及身体的其他部位接触输送带。

(8) 严禁在输送带运行时调整输送带跑偏。

(9) 严禁在输送带运行时更换托辊。

(10) 综合保护装置、安全设施或信号系统不齐全、不完好的严禁启动输送机。

(11) 综合保护装置、安全设施不齐全、不完好应及时检修处理。

(12) 严格按照保护试验制度进行保护试验。

(13) 机头、机尾应按规定支设压柱、地锚。

(14) 应设过桥的应按规定设置过桥。

(15) 严禁在停运的输送带上行走。

(16) 严禁无措施在停运的输送带上作业。

(17) 停机处理故障、卡堵时应按要求停电、闭锁、上锁、挂停电牌。

37. 机电专业刮板输送机司机操作作业岗位存在哪些隐患？如何处置？

答：隐患内容：

(1) 刮板输送机机头、机尾没有按规定打压柱、地锚或不合格。

(2) 乘坐刮板输送机。

(3) 链条卡阻等不正常情况下，强行启动刮板输送机。

(4) 开启设备时，转载点未开启喷雾降尘。

(5) 在运行的刮板输送机内取物料。

(6) 未发信号开机，采煤工作面无急停信号装置。

(7) 人员未离开转动部位就开启输送机。

(8) 无措施运送设备、材料。

(9) 用脚蹬或棍撬运行中的刮板链。

(10) 没有使用紧链器操作刮板输送机链条。

(11) 检修或处理输送机事故时，没有对开关实施停电闭锁。

(12) 刮板输送机未闭锁，人员进入刮板输送机内作业，误启动，造成人员伤害。

隐患处置措施：

(1) 刮板输送机机头、机尾应按规定打设好压柱、地锚，并确保合格。

(2) 严禁乘坐刮板输送机。

(3) 链条卡阻等不正常情况下，严禁启动刮板输送机。

(4) 开启设备时应开启转载点喷雾降尘。

(5) 严禁在运行的刮板输送机内取物料。

(6) 未发出信号开机,采煤工作面无急停信号装置严禁开机。

(7) 人员未离开转动部位严禁开启输送机。

(8) 严禁用刮板输送机运送设备、材料。

(9) 严禁用脚蹬或棍撬运行中的刮板链。

(10) 应按照要求使用紧链器操作刮板输送机链条。

(11) 检修或处理输送机事故时,首先对开关实施停电闭锁。

(12) 刮板输送机未闭锁,人员严禁进入刮板输送机内作业。

38. 机电专业转载机、破碎机司机操作作业岗位存在哪些隐患?如何处置?

答:隐患内容:

(1) 信号异常,操作按钮不灵敏。

(2) 人员检修作业时,转载机、破碎机未停电闭锁。

(3) 设备停机时转载机、破碎机内煤矸没有带空。

(4) 转载点未开启喷雾降尘。

(5) 转载机机头前后有积水、积煤。

(6) 转载机入料口挡板夹板变形损坏。

(7) 刮板输送机机头与转载机机尾搭接过高,搭接不合理拉回头煤。

(8) 转载机机尾无挡煤板,有大块煤。

隐患处置措施:

(1) 开机前检查信号装置,确保信号装置正常,操作按钮灵敏可靠。

(2) 人员检修作业前按照规定停电、闭锁、挂牌、上密码锁。

(3) 设备停机时必须将转载机、破碎机内煤矸带空。

(4) 开启设备前必须先开启转载点喷雾降尘。

(5) 转载机机头前后确保无积水、无积煤。

(6) 每班检查转载机入料口挡板夹板,确保无变形损坏。

(7) 调整刮板输送机机头与转载机机尾搭接,确保搭接合理。

(8) 转载机尾应安设挡煤板,防止有大块煤抛出。

39. 机电专业给煤机司机操作作业岗位存在哪些隐患?如何处置?

答:隐患内容:

(1) 信号异常,操作按钮不灵敏。

(2) 人员检修作业时,给煤机未停电闭锁。

(3) 放煤作业时煤仓放空仓。

(4) 放煤时未开启喷雾降尘。

(5) 给煤机甲带跑偏。

(6) 转载机链条松容易掉链。

(7) 输送机停机后给煤机没有停机造成堆煤。

(8) 给煤机前堆煤传感器不完好。

隐患处置措施:

(1) 开机前检查信号装置,确保信号装置正常,操作按钮灵敏可靠。

(2) 人员检修作业时,给煤机必须停电闭锁。

(3) 放煤作业时,放煤工与煤仓上口司机加强联系,确保煤仓仓位合理、不放空。

(4) 放煤前开启喷雾降尘。

(5) 放煤作业时给煤机甲带跑偏应及时停机调整。

(6) 给煤机运转作业时检查转载机链条确保松紧适当。

(7) 输送机与给煤机应连锁,确保输送机停机后给煤机及时停机。

(8) 每班按照规定试验给煤机前堆煤传感器,确保传感器灵敏可靠。

40. 机电专业主提升系统作业岗位存在哪些隐患?如何处置?

答:隐患内容:

(1) 提升机滚筒周围缺少防护栏,存在人员卷入的危险。

(2) 高压胶管老化,存在崩裂伤人危险。

(3) 设备、物件不牢固,存在坠落的危险。

(4) 各处螺栓连接、焊接部位连接不牢固,有机械故障危险。

(5) 电动工具存在漏电现象或防护装置不完好，有触电、伤人危险。

(6) 提升容器位置指示器失效，有过卷、坠罐危险。

(7) 制动系统失效，有过卷、墩罐危险。

(8) 制动力矩不足，有过卷、坠罐危险。

(9) 摩擦衬垫摩擦力下降，可能导致过卷、坠罐危险。

隐患处置措施：

(1) 加装护栏，确保完好可靠。

(2) 更换老化的高压胶管。

(3) 检查并确保设备、物件牢固。

(4) 紧固螺栓、检查焊接部位，确保牢固。

(5) 检查电动工具，确保不漏电、防护装置完好。

(6) 检查提升容器位置指示器，确保有效。

(7) 检查制动系统，确保有效。

(8) 按规定进行试验确保制动力矩符合规定。

(9) 提前试验，确保摩擦力符合要求。

41. 机电专业主排水泵司机操作作业岗位存在哪些隐患？如何处置？

答：隐患内容：

(1) 水泵保护装置不可靠。

(2) 主排水管路锈蚀，管壁变薄，出现排水管路爆裂。

(3) 各处螺栓连接、焊接部位连接不牢固。

(4) 水泵温度高、异响、震动、仪表指示异常等。

(5) 水仓清理不及时，水仓口未加设篦子。

(6) 泵房有掉顶、劈帮、底鼓。

隐患处置措施：

(1) 检查并确保水泵保护装置可靠。

(2) 及时更换锈蚀管路。

(3) 拧紧螺栓连接，确保焊接部位连接牢固。

(4) 定期巡视，发现问题及时处理。

(5) 及时清理水仓，水仓口加设篦子。

(6) 及时处理掉顶、劈帮、底鼓。

42. 机电专业小水泵司机操作作业岗位存在哪些隐患？如何处置？

答：隐患内容：

(1) 未按规定程序启动排水泵。

(2) 电流表、压力表或真空表指示不正常。

(3) 未定期试验引水装置。

(4) 未定期检查防水闸阀和吸水笼头。

(5) 未关闭阀门就停止水泵电动机。

(6) 盘根老化，磨损超限。

(7) 对轮间隙过小。

(8) 设备运转部位温度超高。

隐患处置措施：

(1) 按规定程序启动排水泵。

(2) 汇报处理，更换电流表、压力表或真空表。

(3) 定期试验引水装置。

(4) 定期检查防水闸阀和吸水笼头。

(5) 先关闭阀门再停止水泵电动机。

(6) 汇报处理，更换盘根。

(7) 汇报处理，调整对轮间隙或更换对轮。

(8) 先停水泵，汇报处理，查明原因。

43. 机电专业乳化液泵司机操作作业岗位存在哪些隐患？如何处置？

答：隐患内容：

(1) 泵站压力达不到规定值（炮采、普采 18 MPa，综采 30 MPa），或压力指示器失效的。

(2) 乳化液配比浓度不够。

(3) 泵站调定压力不符合规定或压力指示器失效。

(4) 曲轴箱油量不符合规定运行。

隐患处置措施：

(1) 查明原因，进行检修。

(2) 按要求配比乳化液。

(3) 汇报处理，更换压力指示器。

(4) 按要求使曲轴箱油量符合规定。

44. 机电专业主要通风机司机操作作业岗位存在哪些隐患？如何处置？

答：隐患内容：

(1) 主要通风机噪声过大。

(2) 通风机筒体、扩散器等设备连接处螺栓连接松动。

(3) 通风机振动值超限。

(4) 通风机运行声音异常。

(5) 电动机温度、轴承温度超限。

(6) 电动机轴承没有按照周期进行注油。

(7) 风道内风门不完好。

(8) 风门控制装置不完好。

(9) 运行电压、电流不正常。

(10) 全压、负压不正常。

(11) 变压器绕组温度超限。

(12) 通风机及相关设施没有进行定期检修。

(13) 通风机周围 20 m 范围存在烟火。

(14) 人员不在工作状态。

(15) 井口防爆盖不能正常开启。

隐患处置措施：

(1) 采取降噪措施，操作人员佩戴耳塞。

(2) 紧固螺栓，确保连接螺栓不松动。

(3) 合理调整通风机振动值。

(4) 检查通风机各部件，发现问题及时处理。

(5) 查找原因，采取措施，控制电动机温度、轴承温度不超限。

(6) 按照规定周期对电动机轴承进行注油。

(7) 及时维修风门。

(8) 及时检修风门控制装置。

(9) 查找原因,及时采取措施处理,使运行电压、电流在正常范围内。

(10) 查找原因,及时采取措施处理。

(11) 查找原因,及时采取措施,使变压器绕组温度在正常范围内。

(12) 按规定对通风机及相关设施进行定期检修。

(13) 现场检查、督促,严禁在通风机周围 20 m 范围有烟火。

(14) 要求人员保持良好的工作状态。

(15) 查找井口防爆盖不能开启的原因,发现问题及时处理。

45. 机电专业空气压缩机司机操作作业岗位存在哪些隐患？如何处置？

答:隐患内容:

(1) 空气压缩机运行声音异常。

(2) 空气压缩机冷却系统不完好。

(3) 水冷式冷却器有结垢。

(4) 电动机温度、轴承温度、排气温度、风包温度等超限。

(5) 运转轴承不按照周期进行注油。

(6) 运行电压、电流异常。

(7) 润滑油闪点不满足要求。

(8) 没有定期由第三方检测机构进行性能检测。

(9) 空气压缩机及安全阀、释压阀没有进行检测。

(10) 空气压缩机没有按照要求对各类安全保护进行试验。

隐患处置措施:

(1) 检查空气压缩机各部件,发现问题及时处理。

(2) 检查处理,确保空气压缩机冷却系统完好。

(3) 采取措施处理掉结垢。

(4) 查找原因,采取措施,控制电动机温度、轴承温度、排气温度、风包温度不超限。

(5) 按规定给运转轴承注油。

(6) 查找原因,及时采取措施,使运行电压、电流在正常范围内。

(7) 及时更换润滑油。

(8) 按规定定期由第三方检测机构进行性能检测。

(9) 按规定对空气压缩机及安全阀、释压阀进行检测。

(10) 按照要求对空气压缩机各类安全保护进行试验。

五、运输专业隐患识别与处置

46. 运输专业信号工操作作业岗位存在哪些隐患? 如何处置?

答:隐患内容:

(1) 安全装置和设施、信号系统、连接装置、保险绳、钩头不完好仍发信号开车。

(2) 出现紧急情况未及时发送停车信号。

(3) 运输期间不设警戒,中间甩道不设警示信号或警示红灯。

(4) 把钩工和信号工相互兼任。

(5) 信号发出后人员未进入躲避硐室。

(6) 无措施运送“四超”(超长、超宽、超高、超重)车辆。

(7) 未按规定使用安全设施。

(8) 在斜巷中摘挂钩、装卸材料不采取安全措施。

(9) 误发开车信号。

(10) 未听清信号就发送信号。

(11) 信号工发送信号后擅自离开工作岗位。

隐患处置措施:

(1) 每次提升前,必须检查安全装置和设施、信号系统、连接装置、保险绳、钩头完好情况,发现隐患必须进行处理,严禁未排除隐患发出信号开车。

(2) 信号工必须坚守工作岗位,发生紧急情况必须立即发送紧急停车信号。

(3) 斜巷运输时必须严格执行“行人不行车,行车不行人”制度。各通道口必须设有“行人不行车,行车不行人”警示牌和语音报警装置;

斜巷上下车场和各甩道口必须安设与绞车联动的声光报警装置。

(4) 信号工、把钩工严禁替岗操作，严禁擅自停电或擅自拆修信号装置和其他电气设备。

(5) 每次挂钩完毕后，必须对车辆各部位、保险绳、连车装置等再详细检查一遍，看是否完全正确、牢固可靠，观望车辆运行方向有无阻碍和隐患，确认安全后，打开挡车器或挡车杠(栏)，进入躲避硐室、信号硐室或安全地带后，方准发给信号工开车指令。

(6) 运送“四超”物料的车辆必须制定专门的安全措施。

(7) 立井、斜巷提升时必须按规定使用各种安全设施。

(8) 在斜巷中摘挂钩、装卸材料时，必须制定专项措施，并严格按照措施规定进行施工。

(9) 信号工必须集中精力按照指令发送信号。

(10) 信号工坚决执行安全操作“三准”“三不发”，“三准”：看准、听准、发准信号。“三不发”：罐门或罐帘未拉好，不发信号；改变信号时，使用方法未联系好，不发信号；信号未看准、未听清，不发信号。

(11) 信号发出后，信号工必须将手放在停车信号按钮上，密切注视提示容器和信号的运行情况，一旦发现异常情况，立即发出停车信号，严禁擅离职守。

47. 运输专业把钩工操作作业岗位存在哪些隐患？如何处置？

答：隐患内容：

(1) 开始作业前未对安全装置和设施、信号系统、连接装置、保险绳、钩头等完好情况进行检查。

(2) 未按规定使用保险绳、钩头连接。

(3) 人员头部和身体伸入两车之间摘挂钩头。

(4) 车辆运行过程中摘挂钩头。

(5) 从两车之间或在斜巷提升中车辆以下的地方通过串车。

(6) 运输期间不设警戒，中间甩道不设警示信号或警示红灯。

(7) 保险绳挂设不规范。

(8) 阻车器、连锁挡车栏未处于常闭状态。

(9) 把钩工和信号工相互兼任。

(10) 信号发出后人员未进入躲避硐室。

(11) 无措施运送“四超”(超长、超宽、超高、超重)车辆。

(12) 违反规定挂钩。

(13) 未按规定使用安全设施。

(14) 在斜巷中摘挂钩、装卸材料不采取安全措施。

(15) 提升前未对车辆的完好情况、装载情况进行认真检查。

隐患处置措施:

(1) 每次提升前,必须检查安全装置和设施、信号系统、连接装置、保险绳、钩头完好情况,发现隐患必须进行处理,严禁未排除隐患就进行提升运输作业。

(2) 斜巷绞车的每个钩头都必须配有保险绳,保险绳钩头必须紧固可靠,保险绳与提升钢丝绳采用鸡心环与鸡心环成套组合使用,鸡心环、绳卡与钢丝绳匹配,绳卡不松动。斜巷绞车提升期间,必须使用保险绳。

(3) 在两矿车之间摘挂作业时,严禁站在道心及轨道上,身体各部位严禁伸入两碰头之间。

(4) 严禁车辆运行过程中或车辆调整过程中摘挂车辆及摘挂钩作业。摘挂钩作业必须在平巷中进行,必须等车辆停稳后,在车辆(列车)前后两端打上阻车器或掩车装置后,方可进行作业。

(5) 摘挂钩完毕,严禁从两车辆之间穿越,斜巷提升中严禁在车辆以下的地方通过串车。

(6) 斜巷运输时必须严格执行“行人不行车,行车不行人”制度。各通道口必须设有“行人不行车,行车不行人”警示牌和语音报警装置;斜巷上下车场和各甩道口必须安设与绞车联动的声光报警装置。

(7) 斜巷提升时必须按规定使用保险绳,保险绳放在车的上部,必须绑扎牢固,绑扎点不得少于两处,把钩工检查连接情况和插销防脱性能。

(8) 必须确保斜巷阻车器及上下挡车栏处于常闭状态,使用后要及时复位。

(9) 信号工、把钩工严禁替岗操作,严禁擅自停电或擅自拆修信号装置和其他电气设备。

(10) 把钩工每次挂钩完毕后,必须对车辆各部位、保险绳、连车装置等再详细检查一遍,看是否完全正确、牢固可靠,观望车辆运行方向有无阻碍和隐患,确认安全后,打开挡车器或挡车杠(栏),进入躲避硐室、信号硐室或安全地带后,方准给信号工发开车指令。

(11) 运送“四超”物料的车辆必须制定专门的安全措施。

(12) 必须按照挂钩操作程序操作,用专用插销和专用三链环从前往后依次连接好一列矿车,用专用插销连接主绳钩头,最后连接保险绳钩头,保险绳必须放在车的上部,由把钩工依次检查连接情况和插销防脱性能。

(13) 立井、斜巷提升时必须按规定使用各种安全设施。

(14) 在斜巷中摘挂钩、装卸材料时,必须制定专项措施,并严格按照措施规定进行施工。

(15) 每次提升前必须对车辆的完好情况、装载情况、绑扎情况等进行认真检查,看是否存在超重、超长、超高和超宽车辆,确认安全无误后方可进行提升作业。

48. 运输专业跟车工作业岗位存在哪些隐患?如何处置?

答:隐患内容:

(1) 跟车工与电机车司机信号联系不到位。

(2) 未按规定对车辆进行组列。

(3) 人员头部和身体伸入两车之间摘挂钩头。

(4) 车辆运行过程中摘挂钩头。

(5) 未检查车辆装载情况,连挂不符合规定车辆。

(6) 车场存车放在警冲标外。

(7) 平巷运输人员时同时运输爆炸物品。

(8) 未检查人员乘坐人车情况。

(9) 连挂人车前未对车辆进行检查。

(10) 炸药和电雷管未分开运输。

隐患处置措施:

(1) 跟车工必须与电机车司机密切配合,以口哨向电机车司机发送开车、停车信号，信号发送要清晰、准确、响亮，严禁使用口传、摆手等方式发送信号。

（2）在车场对车辆编组组列时，必须对车辆型号、装载情况认真检查，使用标准的插销、链环等连接装置进行连接。对特殊物料车使用标准连接器连接不上时，必须使用专用连杆进行连接，不准使用钢丝绳套、链子、棕绳等软质材料连接。不准将不同型号、不同规格大小的车辆混合组列在一起运送。

（3）在两矿车之间摘挂作业时，严禁站在道心及轨道上，身体各部位严禁伸入两碰头之间。

（4）严禁车辆运行过程中或车辆调整过程中摘挂车辆及摘挂钩作业。摘挂钩作业必须在平巷中进行，必须等车辆停稳后，在车辆（列车）前后两端打上阻车器或掩车装置后，方可进行作业。

（5）不准连挂超宽、超高、超长、偏载或重心不稳的物料车，不准超过规定连接车辆。

（6）车场存放车辆时，必须按照车场管理牌板要求存放车辆，所有车辆必须存放在警冲标以里位置，并及时打设阻车器或掩车装置。

（7）运送人员时严禁同时运送爆炸性、易燃性、腐蚀性的物品，或附挂物料车。

（8）人员上车后，跟车工从前到后，逐个检查乘车人员的肢体或携带工具是否露出车外，人车安全防护链是否挂好。

（9）挂人车时，首先应详细检查人车连接装置、轮轴、安全防护链等是否完好。

（10）炸药和电雷管不得在同一列车内运输。如果在同一列车内运输时，装有炸药与装有电雷管的车辆之间，以及装有炸药或电雷管的车辆与机车之间，必须用空车分别隔开，隔开长度不得小于 3 m，炸药或电雷管堆放高度不得超过矿车边缘，否则严禁运送。

49. 运输专业运料工作业岗位存在哪些隐患？如何处置？

答：隐患内容：

（1）搬运大件时精力不集中。

（2）多人搬运时未指定负责人。

(3) 使用设备搬运时不熟悉设备性能。

(4) 作业前未检查运输线路。

(5) 使用平板车运输捆绑不牢固。

(6) 使用矿车装运设备超高。

(7) 私自进入电机车运输大巷推车。

(8) 在有架空线的巷道装卸车未停电。

(9) 装卸前未清理工作地点。

(10) 搬运机件时碰坏其他设备。

(11) 多人抬运机件时行动不一致伤人。

(12) 超重物件人员抬运伤人。

隐患处置措施:

(1) 搬运体积较大和比较沉重的机件时,一定要精力集中,切忌粗心大意,以保证设备完好和人身安全。

(2) 进行搬运作业时,要指定专人负责安全,其他人员一律听从指挥,严禁说笑打闹,严禁带电搬运电气设备。

(3) 使用设备搬运机件时,操作人员必须熟悉设备性能、使用方法,懂得操作规程,并持有经考试合格的操作证进行操作。

(4) 开工前要看好运输线路和现场情况,发现巷道支护不良,或有危及设备、人身安全的问题,应及时报请领导和有关单位处理,严禁冒险作业。

(5) 使用平板车装运设备时,要用方木垫好,方木要比车稍宽,并捆绑牢固。运输综采设备必须使用专用平板车,车上应有特制的锁牢装置。

(6) 使用矿车装运设备时,要轻装轻放,其最高点和架空线间的距离要符合《煤矿安全规程》的要求,禁止翻倒车装卸。

(7) 电机车运输大巷禁止人力推运设备,如因生产急需,应和调度站联系,经同意后方可推运。推运时,严禁放飞车。

(8) 在有架空线的巷道装卸车时,必须先切断电源,挂好停电牌,将架空线可靠接地。工作完毕后,方可送电,停送电要由专人负责。

(9) 装卸机件时,应先将工作地点的杂物清理干净。装卸中不准乱扔猛放,以免损坏机件。

(10) 搬运机件时,应注意周围情况,不得挤坏电缆、风水管路和撞倒棚子及通风设施。

(11) 抬运机件时,要指定专人负责指挥,要互相叫应,齐起齐落,防止碰伤人员。

(12) 超过 100 kg 重的物件,严禁人员直接用肩扛或肩抬,要采取措施吊抬。抬运机件时,要注意绳扣的变化,抬棍和绳子的承载力要与机件重量相适应。

50. 运输专业轨道作业岗位存在哪些隐患? 如何处置?

答:隐患内容:

(1) 不走人行道,路面湿滑。

(2) 工具不完好,镐、锤正前方有人。

(3) 重打前没有先栽钉。

(4) 没有对顶板进行敲帮问顶。

(5) 物料摆放不整齐,没有保持安全间距。

(6) 无专人探路、指挥车辆。

(7) 没有使用专用工具上道。

(8) 轨道接头的轨面及内侧差大于 2 mm,有硬弯。

(9) 轨型不符合设计或不满足运量要求,同一线路有杂拌道,钢轨磨损超过规定。

(10) 直线段两股钢轨不水平,主要运输路线误差大于 5 mm,曲线加超高后误差大于 5 mm;一般运输路线误差大于 8 mm,曲线加超高后误差大于 8 mm。

(11) 井下轨道轨缝大于 5 mm,焊缝有裂纹。

(12) 轨枕规格及数量不符合设计要求,轨枕腐朽、损坏、断裂等。

(13) 鱼尾板、螺栓、弹簧垫等扣件与轨型不配套,规格不符合设计要求,数量不齐全、不密贴、不紧固。

(14) 道钉规格与轨型不配套,数量不齐全,浮离大于 2 mm;混凝土轨枕螺栓、压板不紧固不齐全,浮离大于 2 mm。

(15) 道砟捣固不坚实,有空板、吊板。

(16) 路基有严重塌坡、底鼓、沉降现象。

隐患处置措施：

(1) 走人行道，路面湿滑要有提醒。

(2) 工具完好，镐、锤正前方不能有人。

(3) 先栽钉后重打。

(4) 及时对顶板进行敲帮问顶。

(5) 物料摆放要整齐，保持安全间距。

(6) 必须专人探路、指挥车辆。

(7) 要使用专用工具上道。

(8) 轨道接头的轨面及内侧差不大于 2 mm，不能有硬弯。

(9) 轨型符合设计或满足运量要求，同一线路无杂拌道，钢轨磨损不超过规定。

(10) 直线段两股钢轨应水平，主要运输路线误差不大于 5 mm，曲线加超高后误差不大于 5 mm；一般运输路线误差不大于 8 mm，曲线加超高后误差不大于 8 mm。

(11) 井下轨道轨缝不大于 5 mm，焊缝无裂纹。

(12) 轨枕规格及数量符合设计要求，轨枕无腐朽、损坏、断裂等。

(13) 鱼尾板、螺栓、弹簧垫等扣件与轨型配套，规格符合设计要求，数量齐全、密贴、紧固。

(14) 道钉规格与轨型配套，数量齐全，浮离不大于 2 mm；混凝土轨枕螺栓、压板紧固齐全，浮离不大于 2 mm。

(15) 道砟捣固坚实，无空板、吊板。

(16) 路基无严重塌坡、底鼓、沉降现象。

51. 运输专业小绞车司机操作作业岗位存在哪些隐患？如何处置？

答：隐患内容：

(1) 信号及安全设施不完好。

(2) 绞车及钢丝绳不完好，连接不可靠。

(3) 信号联系不清就操作。

(4) 运输时截人不到位。

(5) 处理车辆落辙时绞车司机生拉硬拽。

(6) 没有断绳防护设施。

(7) 未检查电气设备的完好情况及防爆性能。

隐患处置措施:

(1) 绞车司机使用绞车前必须确认信号及安全设施完好,如信号及安全设施不完好严禁使用。

(2) 绞车司机使用绞车前必须检验绞车及钢丝绳是否完好,绞车及钢丝绳不完好,连接不可靠,严禁操作绞车。

(3) 绞车司机对信号联系不清严禁操作,必须明确信号后方可开车;绞车司机与信号工对双方所发信号必须进行二次确认。

(4) 运输路线内有人及各通路截人不到位时,绞车司机严禁开绞车。

(5) 处理车辆落辙时绞车司机必须精神集中,严禁生拉硬拽。

(6) 在绞车前方打好戗柱及防护网。

(7) 按要求检查设备的完好情况及防爆性能。

52. 运输专业架空乘人装置司机操作作业岗位存在哪些隐患? 如何处置?

答:隐患内容:

(1) 酒后上岗作业或存在不适合上岗的疾病。

(2) 劳动保护穿戴不齐全。

(3) 开车前未进行架空乘人装置的完好情况检查。

(4) 未进行点动试车。

(5) 乘坐人员携带超长、超宽或超重物件未进行制止。

(6) 架空乘人装置存在故障的情况下甩保护开车。

(7) 未试验架空乘人装置各种保护。

(8) 架空乘人装置运行期间未进行巡回检查。

隐患处置措施:

(1) 加强员工教育,提高安全意识。

(2) 严格执行上岗前安全确认,劳动保护穿戴齐全。

(3) 开车前对架空乘人装置的完好情况进行检查。

(4) 严格执行操作规程,进行点动试车。

(5) 对乘坐人员进行监督,发现乘坐人员携带超长、超宽或超重物件时应进行制止。

(6) 架空乘人装置存在故障的情况下,必须等故障处理完毕后方可开车。

(7) 按周期进行架空乘人装置各种保护试验。

(8) 执行巡回检查制度,在架空乘人装置运行期间进行巡回检查。

53. 运输专业无极绳绞车司机操作作业岗位存在哪些隐患?如何处置?

答:隐患内容:

(1) 信号及安全设施不完好。

(2) 操作台按钮失效。

(3) 绞车及钢丝绳不完好。

(4) 信号联系不清就操作。

(5) 滚筒绳衬磨损超标。

(6) 张紧装置动轮组钢丝绳断丝超标。

(7) 制动装置失效。

(8) 运输系统中钢丝绳松。

(9) 截人不到位。

隐患处置措施:

(1) 无极绳绞车司机使用绞车前必须确认信号及安全设施完好,如信号及安全设施不完好,无极绳绞车司机严禁开车运输。

(2) 无极绳绞车司机使用绞车前必须确认操作台按钮完好。

(3) 无极绳绞车司机使用绞车前必须检验绞车及钢丝绳是否完好,绞车及钢丝绳不完好,严禁绞车司机使用绞车。

(4) 无极绳绞车司机操作绞车前必须确认清楚信号,信号不清楚严禁操作绞车。

(5) 无极绳绞车司机使用绞车前必须对滚筒绳衬进行检查,绳衬磨损量要求其外层高出固定螺钉不小于 2 mm,如超出标准必须更换绳衬后再开车。

(6) 无极绳绞车司机使用绞车前必须对张紧装置进行检查,有问题必须处理好后方可开车。

(7) 无极绳绞车司机使用绞车前必须检查制动装置,无问题后方可开车。

(8) 无极绳绞车司机使用绞车前必须检查运输系统内钢丝绳是否松垮,如松垮必须先紧绳后方可开车。

(9) 无极绳绞车司机在开车前要对截人情况进行二次确认,确认运输区域内无人作业或停留方可开车。

54. 运输专业单轨吊机车司机操作作业岗位存在哪些隐患?如何处置?

答:隐患内容:

(1) 信号及安全设施不完好。

(2) 操作台按钮失效。

(3) 列车装置中联轴节的连接不牢靠。

(4) 有承载轮不滚动,承载轮与导轨间隙超标。

(5) 制动衬面的厚度磨损超标。

(6) 润滑油、液压油、柴机油的油位不符合要求。

(7) 液压系统管路有跑、冒、滴、漏现象。

(8) 线路和插头的连接不符合要求,插座不稳固。

(9) 吊具不完好。

隐患处置措施:

(1) 单轨吊机车司机使用机车前必须确认信号及安全设施完好,如信号及安全设施不完好,单轨吊机车司机严禁开车。

(2) 单轨吊机车司机使用机车前必须确认操作台按钮完好。

(3) 列车装置中联轴节的连接必须紧固牢靠。

(4) 所有承载轮必须完好、滚动良好,承载轮与导轨间隙严禁超标,必须在规定范围内。

(5) 制动衬面的厚度磨损严禁超标,必须在规定范围内。

(6) 润滑油、液压油、柴机油的油位必须符合要求。

(7) 液压系统管路严禁有跑、冒、滴、漏现象。

(8) 线路和插头的连接符合要求,插座稳固牢靠。

(9) 吊具完好,符合要求,确保安全起吊。

六、地测防治水专业隐患识别与处置

55. 地测防治水专业测量作业岗位存在哪些隐患? 如何处置?

答:隐患内容:

(1) 测量作业环境不具备测量作业条件而进行测量作业。

(2) 布置测点登高作业没有系安全带。

(3) 测量仪器安置不牢固,而进行测量作业。

(4) 测量放线用错导线点。

(5) 漏发贯通通知单。

(6) 图纸更新不及时。

隐患处置措施:

(1) 进行测量作业前,首先安排施工单位对作业环境进行敲帮问顶工作,发现不安全情况立即安排施工队处理。

(2) 前视人员登高作业时系好安全带,攀爬梯子有同伴监护。

(3) 安置仪器前对三脚架进行安全检查,确保三脚架安全可靠,固定螺丝灵活可用,测量作业期间仪器操作人员不得离开仪器 1 m 远。

(4) 测量作业前测量检查角和前视距离,符合限差要求后方可应用该起算方向。

(5) 根据设计图,排查相关通知单,按《煤矿测量规程》要求下发通知单。

(6) 外业测量结束后,及时计算,填绘相关图纸。

56. 地测防治水专业地质作业岗位存在哪些隐患? 如何处置?

答:隐患内容:

(1) 地质工在迎头收集地质信息时,迎头有活矸危石没有处理。

(2) 矿井没有配齐地质作业专业技术人员。

(3) 水文地质类型复杂、极复杂的矿井没有设立专门的防治水机构,没有配备专门探放水作业队伍、配齐专用探防水设备。

(4) 没有对井田范围内采空区、废弃老窑的积水情况进行排查。

(5) 矿井在强降雨天气下或上游发生洪水时没有实施停产撤人。

(6) 没有按时进行预测预报。

(7) 没有对突水威胁区进行探放水。

(8) 没有按规定留设防隔水煤柱。

隐患处置措施:

(1) 地质作业前,首先安排施工单位对作业环境进行敲帮问顶工作,发现不安全情况立即安排施工队处理。

(2) 配备地质作业专业技术人员。

(3) 水文地质类型复杂、极复杂的矿井设立专门的防治水机构,配备专门探放水作业队伍、配齐专用探防水设备。

(4) 排查矿井水文地质条件和井田范围内采空区、废弃老窑积水情况。

(5) 矿井在强降雨天气下或上游发生洪水时实施停产撤人。

(6) 按时进行预测预报。

(7) 对突水威胁区进行探放水。

(8) 按规定留设防隔水煤柱。

57. 地测防治水专业水文作业岗位存在哪些隐患?如何处置?

答:隐患内容:

(1) 水文作业人员在水文测量和水文观测时现场不具备作业条件。

(2) 水文作业人员没有掌握煤矿水害防灾和避灾知识,现场出现水灾情况时不能正确指导防灾避灾。

(3) 水文地质类型复杂、极复杂的矿井没有设立专门的防治水机构,没有配备专门探放水作业队伍、配齐专用探防水设备。

(4) 没有对矿井范围内的积水情况进行排查。

(5) 矿井在强降雨天气下或上游发生洪水时没有实施停产撤人。

(6) 没有按时进行水文预测预报。

(7) 没有按要求对矿井涌水量进行观测。

隐患处置措施:

(1) 水文作业人员在水文测量和水文观测前首先对现场进行隐患

排查和敲帮问顶，确保现场具备作业条件后再开展水文观测工作。

(2) 水文作业人员学习掌握煤矿水害防灾和避灾知识，现场出现水灾情况时能正确指导防灾避灾。

(3) 水文地质类型复杂、极复杂的矿井必须设立专门的防治水机构，配备专门探放水作业队伍、配齐专用探防水设备。

(4) 对矿井范围内的积水情况进行排查上图，掌握矿井范围内的积水量。

(5) 矿井在强降雨天气下或上游发生洪水时实施停产撤人。

(6) 按时进行水文预测预报。

(7) 按要求对矿井涌水量进行观测。

复习思考题

1. 采煤专业支护作业岗位存在哪些隐患？如何处置？

2. 采煤专业放煤作业岗位存在哪些隐患？如何处置？

3. 掘进专业喷浆作业岗位存在哪些隐患？如何处置？

4. 掘进专业耙斗式装载机操作作业岗位存在哪些隐患？如何处置？

5. 机电专业带式输送机司机操作作业岗位存在哪些隐患？如何处置？

6. 机电专业转载机、破碎机司机操作作业岗位存在哪些隐患？如何处置？

7. 机电专业小水泵司机操作作业岗位存在哪些隐患？如何处置？

8. 运输专业运料工作业岗位存在哪些隐患？如何处置？

9. 运输专业小绞车司机操作作业岗位存在哪些隐患？如何处置？

10. “一通三防”专业通风设施工作业岗位存在哪些隐患？如何处置？

自　测　题

（共 100 分，80 分合格）

得分：________

一、判断题（每题 3 分，共 30 分）

1. 超前支护主要是提高采煤工作面超前压力范围内的巷道支护强度，减少巷道变形量，确保上下安全出口的高度、宽度符合规定，因此超前支护不得小于 20 m。（　　）

2. 采煤工作面安全出口必须畅通，行人道宽度不应低于 0.6 m。（　　）

3. 移架支护与采煤机后滚筒、刮板输送机推移的相互距离，应在作业规程中明确规定。（　　）

4. 倾角较大工作面推移输送机时，必须从上向下逐渐推移。（　　）

5. 顶板破碎时要进行超前移架支护，并采用带压擦顶移架。（　　）

6. 架棚时，班组长监督落实，确保拱型棚卡缆的螺母扭矩、搭茬距离符合规定。（　　）

7. 有措施可以在停运的输送带上作业。（　　）

8. 各通道口必须设有“行人不行车，行车不行人”警示牌和语音报警装置。（　　）

9. 风门的墙体厚度（最上部）不得小于 800 mm。（　　）

10. 矿井在强降雨天气下或上游发生洪水时实施停产撤人。（　　）

二、单选题（每题 3 分，共 30 分）

1. 综采（放）工作面安全出口高度不应小于（　　）m。

A. 1.6　　　　B. 1.7　　　　C. 1.8

2. 工作面伞檐长度大于 1 m 时，其最大突出部分，薄煤层不超过 150 mm，中厚以上煤层不超过（　　）mm。

A. 200　　B. 250　　C. 300

3. 巷道维护时对点柱初撑力达不到要求的，要使点柱初撑力不低于(　　)MPa。

A. 8　　B. 11.5　　C. 15

4. 锚杆支护巷道出现顶板离层、开裂，下沉量达到(　　)mm 以上，必须采取加强支护措施。

A. 100　　B. 150　　C. 200

5. 超过(　　)kg 重的物件，严禁人员直接用肩扛或肩抬，要采取措施吊抬。

A. 50　　B. 80　　C. 100

6. 轨道接头的轨面及内侧差不大于(　　)mm，不能有硬弯。

A. 1　　B. 2　　C. 2.5

7. 测风时风表距人体及巷道顶、帮、底部的距离小于(　　)mm。

A. 100　　B. 150　　C. 200

8. 根据(　　)大小，风门必须朝顺风方向倾斜一定角度。

A. 风压　　B. 风量　　C. 风速

9. 单轨吊机车司机使用机车前必须确认操作台(　　)完好。

A. 设备　　B. 信号　　C. 按钮

10. 无极绳绞车司机使用绞车前必须对滚筒绳衬进行检查，绳衬磨损量要求其外层高出固定螺钉不小于(　　)mm

A. 1　　B. 1.5　　C. 2

三、多选题(每题 4 分，共 40 分)

1. 多台凿岩机同时钻眼时，要划分好区域，做到(　　)和定责任，不得上下交叉作业。

A. 定钻具　　B. 定钻工

C. 定位置　　D. 定眼数

2. 综合保护装置、安全设施或信号系统(　　)的严禁启动带式输送机。

A. 不工作　　B. 不齐全

C. 不检修　　D. 不完好

3. 信号工坚决执行安全操作“三准”“三不发”，其中“三准”指(　　)信号。

A. 看准　　B. 听准

C. 判断准　　D. 发准

4. 每次提升前，必须检查安全装置和设施、(　　)完好情况，发现隐患必须进行处理，严禁未排除隐患就进行提升运输作业。

A. 信号系统　　B. 连接装置

C. 保险绳　　D. 钩头

5. 密闭周边无漏风，(　　)等导电材料在密闭墙前 2 m 处断开。

A. 风水管路　　B. 电缆

C. 放水管　　D. 轨道

6. 风筒的吊挂要逢环必挂，尽量靠近巷道一帮，高度符合作业规程要求，做到平、直、稳、紧，避免风筒被(　　)。

A. 弄脏　　B. 刮破

C. 挤扁　　D. 爆破崩破

7. 禁止井下材料乱堆乱放，以免影响(　　)。

A. 运输　　B. 通风

C. 使用　　D. 行人

8. 回柱必须严格遵守由(　　)的放顶顺序。分段回柱时，必须选择顶板好的地方分界，各段分界处必须挡好斜口。

A. 上往下　　B. 下往上

C. 由里往外　　D. 先柱后梁

9. 拖运支架过程中，钢丝绳道内禁止有人，如出现(　　)等异常现象，立即停止牵引，检查处理。

A. 啃底　　B. 歪斜

C. 拉不动　　D. 缓慢运行

10. 水文地质类型复杂、极复杂的矿井必须设立(　　)。

A. 防治水研究机构　　B. 专门的防治水机构

C. 配备专门探放水作业队伍　　D. 配齐专用探防水设备

模块十　职业健康安全与工伤预防

【学习提示】

为什么要学习职业健康安全与工伤预防知识？首先，煤矿职业健康工作不仅事关煤矿从业人员的身体健康，是广大职工最关心、最直接、最现实的利益问题，而且决定着煤矿企业能否长期稳定发展；其次，劳动者必须了解职业病危害对自身健康的损害，必须提升自我防护意识和防护能力，确保劳动者职业健康不受伤害；最后，熟悉掌握工伤预防基本知识，强化员工安全意愿，提升安全素养，在生产作业中切实做到不伤害自己、不伤害他人、不被他人伤害。

一、职业健康安全

1. 什么是职业病？什么是法定职业病？

答：职业病是指企业、事业单位和个体经济组织等用人单位的劳动者在职业活动中，因接触粉尘、放射性物质和其他有毒、有害因素而引起的疾病。

法定职业病是由国家规定并正式公布的职业病，是指用人单位的劳动者在职业活动中因接触粉尘、放射性物质和其他有毒、有害物质等因素引起的疾病。

2. 煤矿井下职业病有哪些？都有哪些危害？

答：煤矿井下作业者常见职业病有尘肺病、皮肤病、噪声性耳聋、滑囊炎、振动病和高温引起的疾患等。其中，最常见的是尘肺病。

煤矿井下生产性粉尘可导致人肺组织呈弥漫性纤维化增生，肺功能衰竭即尘肺病，严重的尘肺病将损害人体健康和缩短人的寿命。生产性噪声和振动噪声使人听力下降，甚至出现耳聋等疾病。井下高温、高湿环境可导致中暑及皮肤病等疾病。

3. 煤尘导致尘肺病的发生与哪些因素有关?

答:不同矿区煤矿工人尘肺病的发生存在很大差别,煤尘导致尘肺病的发生受以下因素影响:

(1) 煤的品位。煤的品种反映煤变质程度,无烟煤品位最高,烟煤次之,褐煤最低。

(2) 二氧化硅含量。游离二氧化硅含量是影响煤尘致病能力和尘肺病发病的重要因素。

(3) 其他组分。煤尘中石英的作用和单纯石英不同,它受共存的其他矿物质及元素的影响。煤尘中的某些元素可能增强粉尘毒性,影响尘肺病的发生。

4. 尘肺病有哪些发病症状?

答:(1) 第一期:重体力劳动时呼吸困难、胸痛、轻度干咳。

(2) 第二期:中等体力劳动或正常工作时,感觉呼吸困难、胸痛、干咳或带痰咳嗽。

(3) 第三期:从事一般工作甚至休息时,也感到呼吸困难、胸痛、连续带痰咳嗽,甚至咯血和行动困难。

尘肺病

5. 影响尘肺病发病的主要因素有哪些?

答:尘肺病发病不仅与矿尘浓度有关,而且还与很多相关致病因素有关。主要因素如下:

(1) 矿尘浓度。尘肺病的发病和进入肺部的矿尘量有直接关系。一般来说,尘肺病发病工龄和作业场所矿尘浓度成反比。

(2) 游离二氧化硅含量。能够引起肺部纤维病变的矿尘,大多数都含有游离二氧化硅,游离二氧化硅含量越高,尘肺病发病工龄越短,病变的发展程度越快。

(3) 矿尘的粒度和分散度。矿尘粒度不同,对人体的危害程度也不一样,矿尘粒度越小分散度越高,对人体的危害性就越大。据有关资料,矿尘最危险的粒度是 2 微米左右,而 5 微米以上的矿尘不能进入下呼吸道,对尘肺病发病影响不大。

(4) 个体条件。矿尘对人体的影响，与人的机体条件有关系，如年龄、营养、健康、生活习性和卫生习惯。

6. 什么是生产性粉尘？其主要危害是什么？

答：生产性粉尘是指在煤矿生产过程中形成的，并能够长时间浮游在空气中的固体微粒，如岩尘、煤尘、水泥尘和混合性粉尘等，它是煤矿的主要职业危害因素。

长期吸入生产性粉尘主要引起肺部病变，造成矽肺病、煤工尘肺和水泥尘肺等职业病。

矿井粉尘的危害	矿井粉尘防治措施

7. 什么是呼吸性粉尘？其主要危害是什么？

答：呼吸性粉尘，也叫可吸入粉尘，是指在生产过程中产生的粒径小于 5 微米、能随空气吸入进入肺泡的浮游粉尘。呼吸性粉尘对人体的危害性极大，是引起尘肺的主要致病源。

实践中，通常通过加强通风、洒水、喷雾降尘和正确使用个人防护用品等综合措施来减少和降低这方面的危害。

8. 为什么井下作业人员要佩戴个体防尘用具？

答：随着煤矿采掘机械化水平的不断提高，产尘强度也相应提高。在井下作业场所虽然采取了多项防尘措施，但仍难以使作业场所空气中的矿尘浓度降到国家卫生标准，有的甚至严重超标，作业人员长期吸入过量矿尘，就会导致尘肺病的发生，因此，井下作业人员佩戴个体防尘用具是搞好防尘，免受矿尘危害的最后一道关口。

9. 煤矿尘肺病的个人防护措施是什么？

答：煤矿尘肺病的个人防护措施主要包括以下方面：

(1) 要从思想上提高对粉尘危害的认识。

(2) 在有粉尘作业场所作业,要正确使用防尘口罩、防尘头盔和防尘工作服。

(3) 定期检查,发现患尘肺病后,及时治疗并调离粉尘作业环境。

(4) 加强锻炼,增强体质,提高抵抗疾病能力。

10. 煤矿企业对职业健康检查出的尘肺病患者应采取什么措施?

答:当职业健康检查出尘肺病患者时,煤矿企业必须按照国家规定采取以下措施:

(1) 及时给以治疗、疗养。

(2) 调离接尘作业岗位。

(3) 做好健康监护及尘肺病报告工作。

11. 什么是中暑,防治中暑主要采取哪些措施?

答:中暑是职工在高温环境中因高气温作用于人体,超过人体的适应力,而引起的大量出汗、口渴、头痛、发烧和全身无力,甚至突然昏倒或高烧昏迷的现象。

防治中暑应采取以下措施:

(1) 隔热,厂房要刷白屋面,露天作业要架设凉棚,野外作业用遮阳伞,工人穿浅色或白色衣服。

(2) 地面高温场所加强通风,高处设排气扇,低处装进风脚窗。

(3) 井下高温作业场所应采取通风降温及水喷雾降温等措施,对空气温度较高的采掘工作面,可用空调器制冷降温,缩短在高温作业场所的作业时间。

12. 什么是噪声,怎样预防噪声危害?

答:从卫生学角度来讲,凡是使人感觉到厌烦或不需要的声音都称为噪声。

预防噪声应采取以下措施:

(1) 控制和消除声源,并采取吸声、消声、隔声、隔振等措施控制声传播。

(2) 做好听觉器官保护措施(如使用耳塞、耳罩)等。

13. 如何通过培训预防职业病发生?

答:实践证明,有效的培训是防范职业病发生的重要途径和手段之一，因为：

(1) 通过培训能使从业人员了解职业病的特点和危害性。

(2) 通过培训能使从业人员了解职业病防治知识，掌握本工作岗位的有害因素的种类、后果、预防以及个人防护与应急救治措施等内容。

(3) 通过培训能提高个人的职业病防范意识和自我保护的技能，遵守国家职业病防治法律、法规，国家职业卫生标准和操作规程。

(4) 通过培训能让从业人员了解使用新技术、新工艺、新设备、新材料导致职业危害因素发生变化时，怎样进行职业危害防护。

14. 从业人员在工作中怎样预防职业病?

答：在实际工作中为了防止职业病发生，从业人员必须做到：

(1) 严格执行操作规程，按照职业病防治要求正确使用防护用品。

(2) 从业人员在就业前必须进行职业健康检查，了解自己是否存在所从事职业的职业禁忌证。

(3) 从业人员就业后必须定期进行职业健康检查，以便早发现职业病损害，及时采取防治措施。

(4) 从业人员必须养成良好的个人卫生习惯，不在车间内吸烟、进食，勤洗手，下班后更衣、沐浴等。

15. 接触职业病危害的从业人员的职业健康检查周期有什么规定?

答：接触职业病危害的从业人员的职业健康检查周期一般应符合以下规定：

(1) 接触粉尘以煤尘为主的在岗人员，每 2 年 1 次。

(2) 接触粉尘以矽尘为主的在岗人员，每年 1 次。

(3) 经诊断的观察对象和尘肺病患者，每年 1 次。

(4) 接触噪声、高温、毒物、放射线的在岗人员，每年 1 次。

(5) 接触职业病危害作业的退休人员，按有关规定执行。

16. 职业健康检查分哪几个时期进行?

答：职业健康检查可分为从事接尘岗位的以下 3 个时期进行：

(1) 新录用、变更工作岗位从业人员上岗前。

（2）在岗的从业人员。

（3）准备调离该工种的从业人员。

17. 什么是职业伤害保险？

答：职业伤害保险又称工伤保险，是以劳动者在劳动过程中发生的各种意外事故或职业伤害为保障风险，由国家或社会给予因工伤、接触职业性有毒有害物质等而致残者、致死者及其家属提供物质帮助的一种社会保险。

18. 什么是劳动能力鉴定？

答：劳动能力鉴定指利用医学方法和手段，依据鉴定标准，对伤病劳动者的伤、病、残程度及其劳动能力进行诊断和鉴定的活动。

19. 如何诊断职业病？

答：职业病诊断，应当综合分析下列因素：

（1）病人的职业史。

（2）职业病危害接触史和工作场所职业病危害因素情况。

（3）临床表现以及辅助检查结果等。

没有证据否定职业病危害因素与病人临床表现之间的必然联系的，应当诊断为职业病。

职业病的诊断，应当由省级以上人民政府卫生行政部门批准的医疗卫生机构承担。

20. 诊断职业病一般要经过哪些程序（流程）？

答：职业病诊断的程序（流程）如下：本人申请→用人单位同意提供职工职业史和职业病危害接触史→现场危害调查与评价→临床表现以及辅助检查结果等因素→到省级以上人民政府卫生部门批准的医疗机构进行职业病诊断→劳动能力鉴定委员会根据诊断结果，鉴定其劳动能力等级及护理依赖程度等级→职工按规定享受工伤保险待遇。

21. 煤矿井下常用的个人防护用品有哪些？

答：个人防护用品是劳动者在劳动中为防御物理、化学、生物等外界因素伤害人体而穿戴和配备的各种物品的总称。煤矿井下常用的个人防护用品有：安全帽、自吸过滤式防尘口罩、冲击眼面护具、焊接眼面护具、听力防护用品、耳塞、耳罩、防护手套、防振手套、绝缘手套、耐酸碱手套、防护鞋(靴)、耐酸碱鞋(靴)、防水胶靴、防砸鞋(靴)、电绝缘鞋(靴)、护腿等。

22. 患有职业病的职工应享受哪些权利?

答:依据《职业病防治法》规定,患有职业病的职工应享受以下权利:

(1) 职业病病人的诊疗、康复费用,伤残以及丧失劳动能力的职业病病人的社会保障,按照国家有关工伤保险的规定执行。

(2) 职业病病人除依法享有工伤保险外,依照有关民事法律,尚有获得赔偿的权利,有权向用人单位提出赔偿要求。

(3) 劳动者被诊断患有职业病,但用人单位没有依法参加工伤保险的,其医疗和生活保障由该用人单位承担。

(4) 用人单位对不适宜继续从事原工作的职业病病人,应当调离原岗位,并妥善安置。

23. 患有职业病的职工应享受哪些待遇?

答:依据《职业病防治法》规定,患有职业病的职工应享有以下待遇:

(1) 用人单位应当保障职业病病人依法享受国家规定的职业病待遇。

(2) 用人单位应当按照国家有关规定,安排职业病病人进行治疗、康复和定期检查。

(3) 用人单位对从事接触职业病危害作业的劳动者,应当给予适当岗位津贴。

(4) 职业病病人变动工作单位,其依法享有的待遇不变。

24. 煤矿从业人员享有哪些职业病防治的权利?

答:煤矿从业人员享有以下职业病防治的权利:

(1) 享有对煤矿企业搞好职业病防治的要求权。

(2) 享有对煤矿企业实施职业病防治的知情权。

(3) 享有对煤矿企业职业病防治民主管理的参与权。

(4) 享有获得煤矿企业职业病防治知识的培训权。

（5）享有对煤矿企业不重视职业病防治的控诉权。

25. 煤矿从业人员应履行哪些职业病防治的义务?

答:煤矿从业人员应履行以下职业病防治的义务:

（1）履行接受职业病防治知识教育培训的义务。

（2）履行遵守职业病防治的有关法律法规、规章制度的义务。

（3）履行正确使用职业病防治设施、佩戴职业病防护用品的义务。

（4）履行及时报告职业病危害事故隐患的义务。

二、工伤预防

26. 容易发生工伤的不安全站位有哪些？怎样预防?

答:不安全站位有:

（1）在运行吊物下、起重吊臂作业半径下、拖拉重物两侧及前方可能波及范围内站人。

（2）在设备运行、禁止区域或移动轨迹范围内站人。

（3）在高处临边、孔洞等区域无安全措施前提下站人。

（4）在易发生有毒有害介质泄漏、易燃易爆生产区域内无安全措施与专人陪同前提下站人。

（5）在辐射液体喷溅区域、高温物体辐射区域以及电离辐射区域附近站人。

（6）在拆卸阀门、管道、设备结构等情况下,在压力、势能释放的正面区域站人。

（7）在移动设备或装置上方、吊装件或移动车辆上方站人。

（8）在无监护的立体交叉作业区域或者动火作业区域的下方站人。

（9）在高压电气柜附近或变电区域无安全措施的前提下站人。

（10）在大型设备拆装、建筑爆破、环境不明、生产通道等区域站人。

（11）在锻造、锤击、抛光、切割、刨削的飞屑波及范围内站人。

（12）在空顶和没有采取有效支护的顶板下站人。

（13）在支架回撤磨架钢丝绳波及范围内站人。

(14) 在煤仓、溜煤眼放矸(煤)口下方卸煤范围内站人。

(15) 在耙装机甩矸、采煤机滚筒甩煤(矸)、掘进机截割头甩煤(矸)、机身滑煤(矸)或刮板输送机窜矸的范围内站人。

(16) 在运行的刮板输送机、带式输送机机头和钻机正前、后方站人。

预防措施：

(1) 严禁在运行吊物下、起重吊臂作业半径下、拖拉重物两侧及前方可能波及范围内站人。

(2) 严禁在设备运行、禁止区域或移动轨迹范围内站人。

(3) 严禁在高处临边、孔洞等区域无安全措施前提下站人。

(4) 严禁在易发生有毒有害介质泄漏、易燃易爆生产区域内无安全措施与专人陪同前提下站人。

(5) 严禁在辐射液体喷溅区域、高温物体辐射区域以及电离辐射区域附近站人。

(6) 在拆卸阀门、管道、设备结构等情况下，严禁在压力、势能释放的正面区域站人。

(7) 严禁在移动设备或装置上方、吊装件或移动车辆上方站人。

(8) 严禁在无监护的立体交叉作业区域或者动火作业区域的下方站人。

(9) 严禁在高压电气柜附近或变电区域无安全措施的前提下站人。

(10) 严禁在大型设备拆装、建筑爆破、环境不明、生产通道等区域站人。

(11) 严禁在锻造、锤击、抛光、切割、刨削的飞屑波及范围内站人。

(12) 严禁在空顶和没有采取有效支护的顶板下站人。

(13) 严禁在支架回撤磨架钢丝绳波及范围内站人。

(14) 严禁在煤仓、溜煤眼放矸(煤)口下方卸煤范围内站人。

(15) 严禁在耙装机甩矸、采煤机滚筒甩煤(矸)、掘进机截割头甩煤(矸)、机身滑煤(矸)或刮板输送机窜矸的范围内站人。

(16) 严禁在运行的刮板输送机、带式输送机机头和钻机正前、后方站人。

27. 导致工伤的操作错误、忽视安全、忽视警告的不安全行为有哪些？怎样预防？

答：导致工伤的操作错误、忽视安全、忽视警告的不安全行为有：

(1) 未经允许开动、关停、移动机器。

(2) 开动、关停机器时未给信号。

(3) 停机时开关未锁紧，造成意外转动、通电等。

(4) 停机时忘记关闭设备。

(5) 忽视警告标志或警告信号。

(6) 操作按钮、阀门、扳手、把柄时出现错误。

(7) 奔跑作业或慌乱行走。

(8) 供料或送料速度过快。

(9) 机器超速、超负荷运转。

(10) 违章驾驶机动车。

(11) 酒后作业、疲劳上岗或带病上岗。

(12) 客货混载。

(13) 冲压机作业时，手伸进冲压模。

(14) 工件紧固不牢。

(15) 用压缩空气吹铁屑。

(16) 两人及以上搬运重物时，未指定发令人，步调不一致。

(17) 采煤机、掘进机停机后滚筒、截割头未落地，未采取防护措施。

预防措施：

(1) 开动、关停、移动机器时必须经过允许。

(2) 开动、关停机器时必须发出信号。

(3) 停机时开关必须锁紧，避免出现意外转动、通电等。

(4) 停机时必须关闭设备。

(5) 必须重视警告标志或警告信号。

(6) 操作按钮、阀门、扳手、把柄时严禁出现错误。

(7) 严禁奔跑作业或慌乱行走。

(8) 供料或送料速度不能过快。

(9) 严禁机器超速、超负荷运转。

(10) 严禁违章驾驶机动车。

(11) 严禁酒后作业、疲劳上岗或带病上岗。

(12) 严禁客货混载。

(13) 冲压机作业时，严禁手伸进冲压模。

(14) 工件紧固必须牢固。

(15) 严禁用压缩空气吹铁屑。

(16) 两人及以上搬运重物时，必须指定发令人，步调必须保持一致。

(17) 采煤机、掘进机停机后滚筒、截割头必须落地，截割头要采取防护措施。

28. 安全装置失效易发生工伤的情形有哪些？怎样预防？

答：安全装置失效易发生工伤的情形有：

(1) 拆除了安全装置。

(2) 安全装置堵塞、失去作用。

(3) 调整错误造成安全装置失效。

预防措施：

(1) 严禁拆除安全装置。

(2) 严禁安全装置堵塞、失去作用。

(3) 严禁调整错误。

29. 忽视使用防护用品的作业或场合中易发生工伤的情形有哪些？怎样预防？

答：忽视使用防护用品的作业或场合中易发生工伤的情形有：

(1) 未佩戴护目镜和面罩。

(2) 未戴防护手套。

(3) 未穿安全鞋。

(4) 未戴安全帽。

(5) 未戴呼吸护具。

(6) 未系安全带。

(7) 未戴工作帽。

预防措施:

(1) 必须佩戴护目镜和面罩。

(2) 必须戴防护手套。

(3) 必须穿安全鞋。

(4) 必须戴安全帽。

(5) 必须戴呼吸护具。

(6) 必须系安全带。

(7) 必须戴工作帽。

30. 无防护或有缺陷易发生工伤的情形有哪些? 怎样预防?

答:无防护或有缺陷易发生工伤的情形有:

(1) 有轮无罩、有轴无套、有洞无盖、有尖无鞘、有台无栏。

(2) 无安全防护装置。

(3) 无保险设施。

(4) 无安全标志。

(5) 无护栏或护栏损坏。

(6) 无接地保护装置。

(7) 无可靠的绝缘防护。

(8) 噪声大的场所无隔离消音系统。

(9) 在危房内作业。

(10) 无防跑车(阻车器、挡车栏)装置。

预防措施:

(1) 有轮必须有罩、有轴必须有套、有洞必须有盖、有尖必须有鞘、有台必须有栏。

(2) 必须有安全防护装置。

(3) 必须有保险设施。

(4) 必须有安全标志。

(5) 必须有护栏且护栏必须完好。

(6) 必须有接地保护装置。

(7) 必须有可靠的绝缘防护。

（8）噪声大的场所必须有隔离消音系统。

（9）严禁在危房内作业。

（10）必须有防跑车（阻车器、挡车栏）装置。

31. 防护不当或有缺陷易发生工伤的情形有哪些？怎样预防？

答：防护不当或有缺陷易发生工伤的情形有：

（1）防护罩未在适当位置。

（2）防护装置调整设置不当。

（3）巷道支护或脚手架搭设不合格。

（4）防爆装置不合格。

（5）安全距离不够。

（6）爆破作业躲避掩体有缺陷。

（7）电气装置带电部分防护不全面。

预防措施：

（1）防护罩必须按规定位置设置。

（2）防护装置调整设置必须得当。

（3）巷道支护或脚手架搭设必须合格。

（4）防爆装置必须合格。

（5）安全距离必须符合规定。

（6）爆破作业躲避掩体严禁有缺陷。

（7）电气装置带电部分防护必须全面。

32. 设计不当、结构不符合安全标准或有缺陷易发生工伤的情形有哪些？怎样预防？

答：设计不当、结构不符合安全标准或有缺陷易发生工伤的情形有：

（1）通道门遮挡视线。

（2）制动装置有缺陷。

（3）安全间距不当。

（4）挡车网有缺陷。

（5）工件有锋利毛刺、毛边。

（6）设施有锋利棱角。

预防措施：

(1) 通道门严禁遮挡视线。

(2) 制动装置严禁有缺陷。

(3) 安全间距必须符合规定。

(4) 挡车网严禁有缺陷。

(5) 工件严禁有锋利毛刺、毛边。

(6) 设施严禁有锋利棱角。

33. 个人防护用品用具不全或有缺陷易发生工伤的情形有哪些？怎样预防？

答：个人防护用品用具不全或有缺陷易发生工伤的情形有：

(1) 没有个人防护用品、用具。

(2) 呼吸器官护具、听力护具有缺陷。

(3) 防护镜、手套、护目镜及护罩不完好或不符合规定。

(4) 安全带、安全帽、安全鞋、安全绳等不合格。

(5) 防护服不完好或不符合作业防护规定。

(6) 绝缘手套、绝缘胶靴等防护用品不合格或超期未检验。

预防措施：

(1) 必须配备个人防护用品、用具。

(2) 呼吸器官护具、听力护具严禁有缺陷。

(3) 防护镜、手套、护目镜及护罩必须完好并符合规定。

(4) 安全带、安全帽、安全鞋、安全绳等必须合格。

(5) 防护服必须完好并符合作业防护规定。

(6) 绝缘手套、绝缘胶靴等防护用品必须合格，严禁超期未检验。

34. 物件强度不够或有缺陷易发生工伤的情形有哪些？怎样预防？

答：物件强度不够或有缺陷易发生工伤的情形有：

(1) 机械强度不够。

(2) 绝缘强度不够。

(3) 吊索具强度不够。

预防措施：

(1) 机械强度必须符合要求。

(2) 绝缘强度必须符合要求。

(3) 吊索具强度必须符合要求。

35. 冒险进入危险场所易发生工伤的情形有哪些？怎样预防？

答：冒险进入危险场所易发生工伤的情形有：

(1) 冒险进入涵洞。

(2) 接近无安全设施的漏料处。

(3) 搬运、装卸车辆时，没有离开危险区。

(4) 未经现场安全负责人员同意，进入危险区或者受限空间内。

(5) 未敲帮问顶或者在空顶空帮的情况下开始作业。

(6) 进入有冒顶、煤与瓦斯突出、透水、自然发火预兆的危险场所。

(7) 调车场超速上下。

(8) 易燃易爆场所内使用明火。

(9) 私自搭乘矿车。

(10) 在绞车道上行走。

(11) 未及时瞭望。

(12) 进入采煤机、掘进机、耙装机等危险作业区域。

(13) 未停机闭锁进入机道作业。

(14) 处理冒顶时未指定专人观察顶板。

预防措施：

(1) 严禁冒险进入涵洞。

(2) 严禁接近无安全设施的漏料处。

(3) 搬运、装卸车辆时，必须离开危险区。

(4) 必须经现场安全负责人员同意后，方可进入危险区或者受限空间内。

(5) 严禁未敲帮问顶或者在空顶空帮的情况下开始作业。

(6) 严禁进入有冒顶、煤与瓦斯突出、透水、自然发火预兆的危险场所。

(7) 调车场严禁超速上下。

(8) 易燃易爆场所内严禁使用明火。

(9) 严禁私自搭乘矿车。

(10) 严禁在绞车道上行走。

(11) 必须及时瞭望。

(12) 严禁进入采煤机、掘进机、耙装机等危险作业区域内。

(13) 进入机道作业必须停机闭锁。

(14) 处理冒顶必须指定专人观察顶板。

复习思考题

1. 煤尘导致尘肺病的发生与哪些因素有关?

2. 煤矿井下职业病有哪些? 都有哪些危害?

3. 为什么井下作业人员要佩戴个体防尘用具?

4. 患有职业病的职工应享受哪些权利?

5. 患有职业病的职工应享受哪些待遇?

6. 导致工伤的操作错误、忽视安全、忽视警告的不安全行为有哪些? 怎样预防?

7. 无防护或有缺陷易发生工伤的情形有哪些? 怎样预防?

8. 个人防护用品用具不全或有缺陷易发生工伤的情形有哪些? 怎样预防?

9. 设计不当、结构不符合安全标准或有缺陷易发生工伤的情形有哪些? 怎样预防?

10. 冒险进入危险场所易发生工伤的情形有哪些? 怎样预防?

自　测　题

(共 100 分,80 分合格)

得分:__________

一、判断题(每题 3 分,共 30 分)

1. 法定职业病是由国家规定并正式公布的职业病,是指用人单位

的劳动者在职业活动中因接触粉尘、放射性物质和其他有毒、有害物质等因素引起的疾病。（　　）

2. 中等体力劳动或正常工作时，感觉呼吸困难、胸痛、干咳或带痰咳嗽是尘肺病一期发病症状。（　　）

3. 呼吸性粉尘对人体的危害性极大，是引起尘肺的主要致病源。（　　）

4. 尘肺病的发生与工人接触矿尘的时间长短没有关系。（　　）

5. 粉尘中游离二氧化硅导致肺组织纤维化，最终导致尘肺病。（　　）

6. 用人单位对从事接触职业危害作业的劳动者，未经上岗前职业健康检查，可以先安排其上岗，然后在适当的时候进行职业健康检查。（　　）

7. 疑似职业病病人在诊断、医学观察期间的费用，由用人单位承担。（　　）

8. 确诊为尘肺病的职工，只要本人愿意，可以继续从事接触粉尘的作业。（　　）

9. 两人及以上搬运重物时，必须指定发令人，步调必须保持一致。（　　）

10. 严禁进入有冒顶、煤与瓦斯突出、透水、自然发火预兆的危险场所。（　　）

二、单选题（每题 3 分，共 30 分）

1. 能够引起肺部纤维病变的矿尘，大多数都含有游离（　　）。

A. 煤尘　　B. 粉尘　　C. 二氧化硅

2. 井下作业人员佩戴（　　）是搞好防尘，免受矿尘危害的最后一道关口。

A. 呼吸器　　B. 护目镜　　C. 个体防尘用具

3. 用人单位对从事接触职业病危害作业的劳动者，应当给予适当（　　）。

A. 岗位津贴　　B. 物质奖励　　C. 假期

4. 接触粉尘以煤尘为主的在岗人员，健康检查周期一般每（　　）年1次。

A. 1　　B. 2　　C. 3

5. 矿尘最危险的粒度是（　　）微米左右，而5微米以上的矿尘不能进入下呼吸道，对尘肺病发病影响不大。

A. 0.5　　B. 2　　C. 4

6. 职业伤害保险又称（　　），是以劳动者在劳动过程中发生的各种意外事故或职业伤害为保障风险，由国家或社会给予因工伤、接触职业性有毒有害物质等而致残者、致死者及其家属提供物质帮助的一种社会保险。

A. 劳动保险　　B. 职业保险　　C. 工伤保险

7. 没有证据否定职业病危害因素与病人临床表现之间的必然联系的，（　　）诊断为职业病。

A. 不得　　B. 应当　　C. 根据需要可以

8. 在拆卸阀门、管道、设备结构等情况下，严禁在压力、势能释放的（　　）区域站人。

A. 正面　　B. 侧面　　C. 后方

9. 噪声大的场所必须有隔离（　　）系统。

A. 设备　　B. 消音　　C. 设施

10. 搬运、装卸车辆时，必须离开（　　）。

A. 安全区　　B. 有害区　　C. 危险区

三、多选题（每题4分，共40分）

1. 煤矿井下作业者常见职业病有尘肺病、（　　）和高温引起的疾患等。

A. 皮肤病　　B. 噪声性耳聋

C. 滑囊炎　　D. 振动病

2. 通常通过加强通风、（　　）等综合措施来减少和降低呼吸性粉尘对人体的危害。

A. 强化管理　　B. 洒水

C. 喷雾降尘　　D. 正确使用个人防护用品

3. 劳动能力鉴定指利用医学方法和手段，依据鉴定标准，对伤病劳动者的（　　）程度及其劳动能力进行诊断和鉴定的活动。

A. 伤　　B. 病

C. 残　　D. 废

4. 严禁在（　　）、刨削的飞屑波及范围内站人。

A. 锻造　　B. 锤击

C. 抛光　　D. 切割

5. 工件严禁有锋利（　　）。

A. 毛刺　　B. 凹面

C. 凸面　　D. 毛边

6. （　　）机器时必须经过允许。

A. 开动　　B. 关停

C. 移动　　D. 擦拭

7. 在拆卸（　　）等情况下，严禁在压力、势能释放的正面区域站人。

A. 螺丝　　B. 阀门

C. 管道　　D. 设备结构

8. 用人单位应当按照国家有关规定，安排职业病病人进行（　　）。

A. 治疗　　B. 保健

C. 康复　　D. 定期检查

9. 个人防护用品是劳动者在劳动中为防御（　　）等外界因素伤害人体而穿戴和配备的各种物品的总称。

A. 物理　　B. 化学

C. 生物　　D. 环境

10. 严禁进入（　　）等危险作业区域内。

A. 两顺槽　　B. 采煤机

C. 掘进机　　D. 耙装机

模块十一　煤矿事故紧急避险与自救互救

【学习提示】

为什么要学习煤矿事故紧急避险与自救互救知识？首先，很多已经发生的事故表明，在井下灾害预兆显现时，或是在灾害突发的初始状况下，现场人员如何迅速、正确和合理地采取避灾逃生行动、用好各种现场避灾逃生设施，并沿避灾路线安全、快速撤离，是杜绝或减少人员伤亡，防止事故损失扩大的关键所在；其次，现场人员如果能够在事故发生的初始阶段，迅速有效地采取科学的自救互救措施，也是降低事故危害和影响，减少人员伤亡和财产损失的重要举措之一；最后，开展现场急救常会用到一些工具和装置，比如自救器、灭火器材、搬运工具等，员工尤其是在生产一线作业的员工，有必要学习和掌握这部分工器具的操作方法及要领。

虽然在初次培训中我们已经学习过事故紧急避险与自救互救知识，但在工作实践中发现，很多员工对这方面知识不能熟练运用，比如遇到事故不知道如何正确避险、呼吸器佩戴不熟练、自救互救操作不熟练等等，在紧急情况下由于心里紧张，很容易导致避险或自救互救失败。因此，在再培训中，员工应再次学习该部分内容，并加强呼吸器佩戴等的实操训练，提升事故紧急避险与自救互救的能力，保障自身和他人的安全。

一、煤与瓦斯突出事故紧急避险

1. 煤与瓦斯突出灾害的危害性有哪些？

答：煤与瓦斯突出灾害往往会形成强大的动力现象，大量的煤与瓦斯以极快的速度喷出，不仅会造成采掘工作面和矿井通风系统的严重破坏，设备损坏，冲击掩埋人员，而且大型突出或瓦斯喷出还可能改变巷道内的风流方向或冲破风门、风窗等通风设施，造成瓦斯逆流。在这过程中，一旦发生瓦斯随风流重新进入矿井大部分区域情况，则造成人员窒息伤亡以及引发瓦斯、煤尘爆炸、燃烧和煤岩埋人事故等灾难性后果，对矿井安全生产和矿工生命安全的危害性极大。

2．工作面发生煤与瓦斯突出时，现场人员应如何进行初始应急处置，有哪些注意事项？

答：工作面发生煤与瓦斯突出时，现场人员进行初始应急处置的具体做法是：现场人员→确认采煤工作面发生煤与瓦斯突出事故或出现预兆→通知附近人员并迅速向进风侧撤离→打开隔离式自救器并佩戴好→迎着新鲜风流继续外撤。

注意事项：一是如果距离新鲜风流太远，应首先到避难硐室内避灾，或利用压风自救系统进行自救；二是掘进工作面发生煤与瓦斯突出或出现预兆时，必须迅速向外撤至防突反向风门之外。

3．预防煤与瓦斯延期突出伤害现场人员应采取怎样的紧急避险措施？

答：有时，有的矿井虽然出现了煤与瓦斯突出的某些预兆，但并不立即发生突出，要经过一段时间后才会发生，这种现象称为延期突出。延期突出容易使人产生麻痹思想，危害更大。对此千万不能粗心大意，必须随时提高警惕，注意预防延期突出带来的危害。现场作业人员要严格做到：只要出现突出预兆就必须撤退到安全地点，待有关部门专业人员确认不会发生突出后，再返回现场进行作业。

煤与瓦斯 突出的预兆	煤与瓦斯突出 事故的应急避险

4．发生煤与瓦斯突出撤离受阻时，现场人员应采取怎样的紧急避险措施？

答：发生煤与瓦斯突出，现场人员在撤退途中如果受阻，应寻找矿井专门设置的井下避灾场所暂避，也可迅速撤到有压缩空气管路或防尘水管的巷道或硐室，把管子的螺丝接头打开，形成正压通风，以延长避灾时间，并设法与外部救援人员取得和保持联系。

二、瓦斯、煤尘爆炸事故紧急避险

5．矿井瓦斯、煤尘爆炸通常有哪些征兆？

答：据亲身经历过瓦斯、煤尘爆炸现场的人员讲，爆炸前会感受到附近有颤动的现象发生，有时候还会发出"嘶嘶"的空气流动声音，人的耳膜有震动的感觉；有的时候在远方巷道出现一道蓝光，很快爆炸的冲击波就来到眼前；还有的会嗅到一股有刺激性味道的气体，四肢感到酸软……当然这些征兆一般都是轻微和不明显的。因此，井下人员在现场不要打闹、嬉戏，要集中精力、感知周围发生的一切变化，一旦发生异常，哪怕是细微的，都要高度重视，并能够及时做出正确判断，迅速采取针对性的避灾逃生行动。

6．发生瓦斯、煤尘爆炸事故时，井下现场人员应如何进行初始应急处置，有哪些注意事项？

答：现场人员一旦遇到或发现瓦斯、煤尘爆炸时，要沉着、冷静，保持清醒的头脑，临危不乱，迅速采取措施进行自救。

注意事项：现场人员应尽快撤离灾区，到达新鲜空气的安全地点。若巷道破坏严重或后路被堵出不去，不知撤退是否安全时，可以到避难硐室、救生舱或支护较完整的安全地点躲避，等待救灾。

7. 矿井瓦斯、煤尘爆炸应急避灾逃生的原则(要求)是什么?

答：瓦斯、煤尘爆炸应急避灾逃生的原则(要求)是：① 发生爆炸时要立即卧倒，面部朝下，防止爆炸冲击波伤人；② 待爆炸冲击波过去后，立即戴上自救器；③ 按照规定的避灾路线或者按照救援指令立即撤离灾区；④ 在避灾逃生过程中，应正确使用相关避灾设施和装备。

瓦斯的危害 与瓦斯爆炸	煤尘爆炸 事故的危害	瓦斯爆炸事故 的应急避险	煤尘爆炸事故 的应急避险

8. 瓦斯、煤尘爆炸时，现场人员应采取怎样的紧急避险措施?

答：(1) 背向空气颤动的方向俯卧在地——当发现爆炸预兆，或者爆炸事故发生后听到爆炸声响和感觉到空气冲击波时，现场人员要立即背向空气颤动的方向，俯卧在地，面部贴在地面，双手置于身体下面，闭上眼睛，以减少受冲击面积，避开冲击波的强力冲击、减小身体伤害的程度。同时，采取以上姿势还可以减轻爆炸所带来的高温烟流、火焰对人体的烧伤程度和减轻瓦斯和烟雾对人体的伤害程度。

(2) 用衣物护好人体避免烧伤——尽管爆炸后会产生两三千摄氏度的高温，但爆炸高温火焰延续的时间很短，基本是一瞬即过。现场爆炸证明，凡是被工作服、手套、胶鞋、安全帽等遮盖的部位，基本上都未烧伤。所以，瓦斯、煤尘爆炸的现场人员一定要用衣物护好身体，以避免烧伤。如果附近有水，应及时用毛巾或衣物沾湿捂住嘴、鼻，以防将爆炸火焰和有害气体吸入肺部。

9. 当采煤工作面发生瓦斯、煤尘爆炸时，现场人员应采取怎样的

紧急避险措施?

答:采煤工作面发生瓦斯、煤尘爆炸时,避灾逃生要按照以下三个要领来做:① 当采煤工作面发生小型瓦斯、煤尘爆炸事故时,位于爆炸地点进风侧的人员迎着进风流方向撤离采煤工作面;位于爆炸地点回风侧的人员,立即佩戴好自救器,通过爆炸地点最近的路线或经其他安全通道迅速到达进风侧新鲜风流中。② 当采煤工作面发生严重的瓦斯、煤尘爆炸事故时,没有受到严重伤害的人员立即佩戴好自救器,并帮助受伤较严重的人员戴好自救器;如果塌冒地段可以通过,灾区范围内的人员都应立即撤离塌冒地段,迅速到达新鲜空气处。如果塌冒严重无法撤出,应迅速进入安全地点,临时搭建简易避难硐室,静卧待救,不可强行通过塌冒地段。③ 被困人员在待救期间要随时注意附近情况的变化,发现有危险时要立即转移到其他安全地点。

10. 当掘进工作面发生瓦斯、煤尘爆炸时,现场人员应采取怎样的紧急避险措施?

答:掘进工作面发生瓦斯、煤尘爆炸后,现场作业人员应按照以下三个要领来避灾逃生:① 如果发生小型爆炸,掘进巷道和支护基本未遭破坏,遇险人员未受直接伤害或受伤不严重时,应立即打开随身携带的自救器,佩戴好后迅速撤出受灾巷道到达新鲜风流中(对于附近的伤员,要协助其佩戴好自救器,帮助撤出危险区或设法抬运到新鲜风流中)。② 如果发生大型爆炸,巷道遭到破坏,退路被阻时,应佩戴好自救器,积极疏通巷道,尽快沿火灾避灾路线撤退到新鲜空气中。③ 如果巷道难以疏通,可以利用一切可能的条件,搭建临时简易避难硐室,并利用好压风管、水管、风筒等改善避难地点的生存条件等待救援。

三、水灾事故紧急避险

11. 井下发生透水事故时,现场人员应如何进行初始应急处置,有哪些注意事项?

答:采煤工作面发生透水事故时,现场人员进行初始应急处置的具体做法是:

(1) 现场人员迅速观察和判断透水地点、水源、涌水量→确认灾害事故应急预案中规定的撤退路线→迅速撤退到透水地点以上的水平（注：不能进入透水地点附近及下方的独头巷道）。

（2）人员行进中靠近巷道一侧（这一点特别重要）→留设指示行进方向的明显标志→抓牢支架或其他固定物体→避开压力水头和泄水流→避开水中滚动的矸石和木料等杂物。

（3）注意事项：

一是人员撤退到立井须从梯子间上去时，应遵守秩序，禁止慌乱和争抢。行动中手要抓牢，脚要蹬稳，切实注意自己和他人的安全；

二是如果唯一的出口被水封堵而无法撤退时，应有组织地在独头上山工作面躲避，等待救护人员的营救，严禁盲目潜水逃生；

三是如果透水破坏了巷道中的照明和路标，迷失行进方向时，遇险人员应朝着有风流通过的上山巷道方向撤退。

12. 在井下巷道中当遇到急速水流来不及躲避时，现场人员应采取怎样的紧急避险措施？

答：当发生"透水"遇到急速水流来不及躲避时，现场人员应当迅速抓住棚子或其他固定牢靠的物体，以防被水冲倒、卷走；如果现场没有上述固定物体时，现场人员应该手拉手、肩并肩地抵住水流，以防被水冲跑，这中间特别要注意不能停留在巷道中间，一定要紧贴巷道的边壁避灾逃生。

水灾事故的预兆	水灾事故应急避险

13. 在正在涌水的巷道中撤离时，现场人员应采取怎样的紧急避险措施？

答："透水"发生后，如果在正在涌水的巷道中撤离，人员应靠近巷道的一侧，抓牢巷道中的棚腿或棚梁、水管、压风管、电缆（确定已经断电)等固定物件,尽量避开压力水头和水流,注意防止被涌水带来的矸石、木料和设备等撞伤;双脚要站稳踩实,一步一步沿避灾路线前进,避免在水流中跌倒。另外,如果确定“透水”是老窑积水时,应立即佩戴使用自救器避灾逃生。

14. 如果在避灾撤退途中迷失了方向,且安全指示标志已被水冲毁时,现场人员应采取怎样的紧急避险措施?

答:“透水”发生后,如果当时的条件允许,应迅速撤往“透水”地点以上的巷道避灾逃生,而不能进入“透水”点附近或“透水”点下方的独头巷道;如果迷失方向,且相关安全指示标志已经被水冲毁,一般应沿着风流通过的上山巷道撤退。

15. 当矿井“透水”水流涌入独头上山下部时,现场人员应采取怎样的紧急避险措施?

答:当“透水”水流涌入独头上山的下部时,除非万不得已的情况,现场作业人员均应撤至未被水淹的上山上部避灾逃生,但必须注意:该上山上部不得与其他巷道连通或漏气。

16. 矿井发生“透水”后,撤退路线被涌水挡住去路或因水势凶猛,现场作业人员无法穿越灾区时,现场人员应采取怎样的紧急避险措施?

答:矿井发生“透水”后,撤退路线如果被涌水挡住去路或因水势凶猛,无法穿越灾区时,应选择距离安全出口或大巷最近处、地势最高的上山独头巷道避灾逃生,万不得已时,可以爬上巷道顶部高冒空间,等待救援，切忌采取盲目潜水逃生等冒险行动。

17. 矿井发生“透水”后，如果被围困在避灾地点，现场人员应采取怎样的紧急避险措施？

答：矿井发生“透水”后，如果被围困在避灾地点，现场人员首先应该做好三件事：① 在进入避灾地点前，应在巷道外口留有文字、衣物等明显标记，以便及时得到发现和援救；② 对避难地点进行及时的检查和必要的维护，并根据现场实际需要，设置挡帘、挡板或挡墙，防止涌水和有害气体的进入；③ 如果避灾地点没有新鲜空气，或者有害气体大量涌出，必须立即佩戴自救器，如果附近有压风自救系统或压风管时，应及时打开使用。

18. 矿井发生“透水”后，现场人员在避灾待救期间应采取怎样的紧急避险措施？

答：矿井发生“透水”后，避灾待救期间的做法是：① 应间断地、有规律地敲打周边铁件或顶底板等物件，或者周期性地向外晃动矿灯（留有一盏矿灯，其余全部关闭），发出联络和求救信号；② 可以在积水边缘放置一大块煤矸或其他物件作为水情标志，随时观察水位情况，推测外部抢险救灾进度；③ 随身携带食品要匀着吃，同时要平卧在地，不急不躁；④ 在保证安全的前提下，利用一切条件自行脱险或配合外部救援。

19. 矿井发生“透水”后，现场人员应采取怎样的紧急避险措施？

答：矿井发生“透水”后，在避灾待救期间应注意以下几个关键事项：① 注意避灾时身体保暖；② 注意节省使用矿灯；③ 注意饮食、饮水安全；④ 所有人员都要面对现实、不怕困难、相互关心、相互劝慰，对救援和脱险充满信心，要听从指挥和服从救援指令；⑤ 要做好较长时间不能脱险的思想准备。

四、火灾事故紧急避险

20. 矿井发生火灾事故时，现场人员应如何进行初始应急处置，有哪些注意事项？

答：矿井发生火灾事故时，现场人员进行初始应急处置的具体做法如下：

井下发生火灾时，总的应急处置原则是：抓住时机在火势较小并保证安全的情况下开展灭火工作；如果火势较大不能控制，要立即组织撤离，其间要注意科学的自救互救，保持良好的心理状态，互相照应、互相帮助。

现场人员应急处置的具体做法是：

(1) 位于火源进风侧的人员→迎着新鲜空气→沿着避灾路线撤离。

(2) 位于火源回风侧的人员（或在撤退途中遇有中毒危险的人员）撤离方案一：现场人员→戴好自救器→通过捷径进入新鲜空气中（或在烟气没有到达之前顺着风流尽快从回风出口撤到安全地点）。

矿井火灾灭火方法

(3) 位于火源回风侧的人员（或在撤退途中遇有中毒危险的人员）撤离方案二：现场人员→戴好自救器→确认距火源较近且越过火源没有危险→穿过火区撤到火源的进风侧。

注意事项：

(1) 撤退行动既要迅速果断，又要快而不乱，不能狂奔乱跑。撤退中应靠巷道有联通出口的一侧行进，避免错过脱离危险区的机会，同时还要随时注意观察巷道和风流的变化情况，谨防火风压可能造成的风流逆转。

(2) 在烟雾大、视线不清的情况下，应摸着巷道壁前进，以免错过联通出口。有压风管、水管的巷道，要注意利用这些管线的引领作用。

(3) 在有烟雾的巷道里撤退时，在烟雾不严重的情况下，即使为了加快速度也不应直立奔跑，而应尽量躬身弯腰，低着头快速前进；如遇烟雾大、视线不清或温度高的情况时，则应尽量贴着巷道底板和巷壁，摸着轨道或管道等物爬行撤退。

(4) 在高温浓烟的巷道撤退时，应利用巷道内的水浸湿毛巾、衣物，或向身上淋水进行降温，或利用随身物件等遮挡头面部，以防高温烟气的刺激。还应避开通风条件差、瓦斯浓度高、可能会爆炸的巷道。

(5) 如果在自救器有效作用时间内不能安全撤出时,应在设有储存备用自救器的硐室换用自救器后再行撤退,或者撤到避难硐室待救。

(6) 如果无论是逆风还是顺风撤退,都无法躲避着火巷道或火灾烟气可能造成的危害,则应迅速进入避难硐室;没有避难硐室时应在烟气袭来之前,选择合适的地点就地利用现场条件,快速构筑临时避难硐室,进行避灾自救。

21. 矿井井下火灾发生时,在什么情况下可以采取逆烟流避灾逃生的方法?

答:矿井井下发生火灾时,如果附近有脱离灾区的通道出口,并且又有把握脱险时,或者只有逆烟撤离才有求生希望时,可以采取逆烟流撤离避灾的方法。

22. 矿井火灾发生时,现场作业人员怎样在高温烟雾的巷道中避灾逃生?

答:① 在高温烟雾的巷道中避灾逃生时不要直立奔跑,如果烟雾不太严重,则应尽量躬身弯腰,低头迅速行进;而在烟雾大、视线不清或温度高时,则应尽量贴着巷道底板,沿着巷道一侧,摸着轨道或管道、棚腿等急速爬出。② 利用湿衣物降温和遮挡头面部撤离。可以利用水沟中的水以及顶板和巷壁里的淋水,或者巷道低洼处的积水浸湿毛巾、工作服,或者向身上洒水的方式进行人体降温;同时,还可利用随身携带物件,或者用巷道中的风帘布、风筒等遮挡人的头面部进行避灾逃生。

23. 矿井发生火灾时,如果现场作业人员无法撤离应该怎么做?

答:(1) 正确选择避灾地点。当矿井发生火灾后,如果顺着风流方向或逆着风流方向撤退都无法避免火焰和烟雾带来的严重危害,或者撤退时遇到冒顶、积水和其他原因巷道阻塞,人员无法通过时,都应迅速选择合适的地点进行避灾。

火灾事故应急避险

(2) 妥善避灾、等待救援。并且要注意以下几点:① 在避灾待救时,要互相帮助、互相关心、稳定情绪、坚定信心。② 注意少动静卧,以减少避灾地点的氧气消耗和体力消耗,避免深呼吸和急促呼吸。③ 在避灾地点有仍在送风的局部通风机或压风机管道,或者附近有压风自救系统,要迅速打开这些设施,放出新鲜空气。

24. 矿井井下火灾发生时,现场作业人员如何选择合适的火灾避灾地点?

答:避灾地点主要有 3 种选择:① 矿井预先设立的避难硐室;② 如果附近没有避难硐室,应在烟雾袭来之前,选择合适地点,利用现场条件和材料快速构筑临时避难硐室;③ 利用烟雾扩散不到的独头巷道,用工作服、风帘布等防止烟气侵入。

25. 在矿井火灾中,现场作业人员如果发现有爆炸危险应该怎么做?

答:矿井火灾可以成为瓦斯、煤尘、水煤气等爆炸的引爆火源。所以,在矿井发生火灾时,现场作业人员除了应该注意火灾事故的应急自救互救和撤离逃生事项外,还应高度警惕防止因引发爆炸事故造成的伤害。具体要做好以下两方面:① 在灭火时随时观察煤尘飞扬的情况,检测瓦斯浓度的大小,观测水煤气形成的条件,防止发生爆炸事故。② 在安全撤退和妥善避灾时,当发现巷道中的风流出现短暂的停顿或颤动(与火风压可能引起的风流逆转征兆有些相似)等爆炸征兆时,如有可能,要立即避开爆炸的正面巷道或进入躲避硐室内,或者立即背向爆源俯卧在巷道的一侧向外爬行。倘若巷道有水沟,应立即滚入水沟,屏住呼吸将头面部浸入水中。

26. 在矿井火灾中，应怎样局部控制灾区风流来减轻灾情？

答：矿井发生火灾后，如果灾情许可，可利用附近的通风设施，实现局部反风、风路短路或增减风量，达到减轻火灾危害的目的。如利用防火风门、调节风门、风帘和局部通风机等，对火区的风流方向和风量大小进行调整控制，以便控制火势、接近火源，防止高温烟火流经的巷道引发次生火灾，确保现场遇险人员的人身安全和更好地进行灭火。打开火区进风侧的旁路风门或者构建火区进、回风侧的临时风门，都将使进入火区的风量减小，达到减弱火势的目的。但是，在减小风量控制火势的同时，也会使火区瓦斯含量增加，有引爆瓦斯的可能，因此，应全面均衡地加以考虑。同时，还要随时注意观察风流变化，谨防火风压造成的风流逆转，若遇大量烟气或风流逆转，必须立即撤离。

五、冒顶（片帮）事故紧急避险

27. 矿井冒顶（片帮）应急避灾逃生的原则（要求）是什么？

答：冒顶（片帮）避灾逃生的原则（要求）是：① 发现有冒顶预兆，自己又无法逃脱现场时，应立刻将身体靠向硬帮或有强硬支柱的地方。② 冒顶事故发生后，伤员要尽一切努力争取自行脱离事故现场。无法逃脱时，要尽可能把身体藏在支柱牢固或岩石架起的空隙中，防止再次受到伤害。③ 当大面积冒顶堵塞巷道时，应沉着应对，正确避灾待救。④ 在撤离险区后，可能的情况下，迅速向井下及井上有关部门报告。

28. 因冒顶（片帮）被堵塞在工作面时，现场人员应采取怎样的紧急避险措施？

答：当大面积冒顶（片帮）堵塞巷道，现场人员被堵塞在工作面时，应由现场班组长统一指挥，及时利用矿井通信联络系统向矿调度部门报告灾害情况，同时只留一盏矿灯供照明使用，并安排人员用铁锹、铁棒、石块等不停地、有规律地敲打通风、排水的管道等，不断向外报警求援，引导救援人员及时发现自己，迅速展开救援。另外，长时间被困在井下，发觉救护人员到来营救时，避灾人员不可过度兴奋和慌乱，以防发生意外。

顶板冒落的预兆	冒顶事故应急避险

29. 独头巷道冒顶被堵,现场人员应采取怎样的紧急避险措施?

答:独头巷道冒顶被堵人员应按照以下要领应急避灾逃生:① 遇险人员首先要沉着冷静,切忌惊慌失措,要树立信心,团结协作,尽量减少体力和隔堵区的氧气消耗,做好较长时间的避灾准备;② 现场只留一盏矿灯用于照明或间歇照明,关闭其他矿灯;③ 如果被困地点有压风管路,应及时打开压风管路闸阀,给被困人员输送新鲜空气,同时要注意保暖;④ 如果人员被困地点有通信联络装置,应立即向矿调度报告灾情、遇险人数和计划采取的避灾自救措施等,也可采用敲击钢轨、管道和岩石等物体的方法,发出有规律的呼救信号,并每隔一定时间敲击 1 次,要不间断地发出这样的救援信号;⑤ 根据现场条件,在安全的前提下及时加固冒落地点和人员躲避处的支护,并经常派人查看,以防冒顶进一步扩大。

30. 采煤工作面冒顶时,现场人员应采取怎样的紧急避险措施?

答:采煤工作面冒顶时应按照以下要领应急避灾逃生:① 迅速撤退到安全地点。当发现工作地点有冒顶征兆时,而当时又难以采取措施防止顶板冒落,最好的避灾措施是迅速离开危险区,撤退到安全地点。② 遇险时要靠煤帮贴身站立或到木垛处避灾。从采煤工作面发生冒顶的实际情况来看,顶板沿煤壁冒落是很少见的,因此,当发生冒顶来不及撤退到安全地点时,遇险者应靠煤帮贴身站立避灾,但要注意煤壁片帮伤人。另外,冒顶时可能将支柱压断或推倒,但在一般情况下不可能压垮或推倒质量合格的木垛。因此,如果遇险者所在位置靠近木垛时,可撤至木垛处避灾。③ 遇险后立即发出呼救信号。冒落基本稳定后,遇险者应立即采用呼叫、敲打(如敲打物料、岩块,若可能造成新的冒落时则不能敲打只能呼叫)等方法,发出有规律、不间断的呼救信号,以便救护人员和撤出人员了解灾情,组织力量进行抢救。这里要特别提醒的是,从冒顶区已经撤离的人员,不能擅自又回到没有处理好的冒顶区,去抢救被冒顶埋压的人员。④ 遇险人员要积极配合外部的营救工作。冒顶后被煤矸、物料等埋压的人员,不要惊慌失措,在条件不允许时切忌采用猛烈挣扎的办法脱险,以免造成事故扩大。被冒顶隔堵的人员,应在遇险地点有组织地维护好自身安全,构筑脱险通道,配合外部的营救工作,为提前脱险创造良好条件。⑤ 被埋压人员挖出后应首先清理呼吸道,然后根据伤情(呼吸、心跳、出血、骨折等)进行相关现场急救,这里要特别注意在搬运过程中对骨折伤员的搬运方式是否正确。

六、冲击地压事故紧急避险

31. 矿井冲击地压有哪些危害性?

答:冲击地压是一种以爆发式破坏和强烈震动为特征的矿山地质灾害,通常又被称为“岩爆”(工人们又俗称之为“煤炮”)。冲击地压发生时,如同爆炸一样,大量的煤、岩石突然被抛出,并伴有巨大的声响和岩体震动,形成大量的煤尘和强烈的空气冲击波,造成支架折损、片帮冒顶、巷道堵塞,部分巷道垮落,严重伤及人员和损坏生产安全设施。

在瓦斯煤层，冲击往往会造成大量的瓦斯涌出。在某些情况下，冲击还会造成底鼓和岩石压入巷道现象，破坏性很大。

32. 矿井发生冲击地压导致巷道堵塞时，现场人员应采取怎样的紧急避险措施？

答：遇险人员应该迅速组织起来，听从现场班组长和老工人的指挥，尽量减少体能和隔堵区的氧气消耗，利用通信联络系统或人员定位卡与矿调度取得联系，及时报告险情；打开压风自救装置阀门向堵塞区供风；有规律地用敲击声向外发出求援信号；关闭矿灯，仅留一盏使用；注意堵塞区顶板是否完好，及时修复支护；坚定信心，相互鼓励。

33. 矿井发生冲击地压导致巷道冒顶（片帮）时，现场人员应采取怎样的紧急避险措施？

答：听从现场班组长和老工人的指挥，统一进行自救互救；尽快加固冒顶区域和人员躲避处，以防冒顶进一步扩大；发现二次来压征兆或其他异常情况时，要先将人员撤出，待顶板稳定或采取防范措施后再组织抢救工作；打开附近的压风自救装置，输送新鲜空气，以稀释瓦斯等有害气体浓度；对冒顶造成的伤员进行现场急救（人工呼吸、止血、包扎、固定等）；在班组长和老工人的带领下，对被埋人员组织抢救；尽快通过通信联络装置与矿调度取得联系，寻求救援；冒顶区域外的人员按照避灾路线迅速撤离灾区。

七、运输事故紧急避险

34. 矿井运输灾害的类型及危害性有哪些?

答:矿井运输灾害事故主要是斜巷运输断绳、跑车、掉道,提升运输断绳、蹾罐以及平巷人车掉道等事故。其危害性主要有:人员伤亡(包括乘坐人员和相关作业人员)、运输机器设备损坏、运输巷道及设施被破坏等,是煤矿主要灾害之一(通常为人祸)。

35. 矿井发生运输跑车事故时,现场人员应采取怎样的紧急避险措施?

答:当矿井发生运输跑车事故时,应急避灾逃生的要领是:① 发生运输跑车事故后,会发出剧烈而异常的声响。人员在斜巷行走或作业时,一旦发现(听见声音)有跑车险情,要立即停止手头工作,迅速就近进入临时避难硐室或运输联络巷及其他安全地点应急避灾。② 当来不及进入躲避硐时,若巷道为砌碹或锚喷支护,应靠巷道贴帮避灾;若巷道为架设的金属支架,应挤进支架贴帮避灾,若巷道很窄时,可抓住棚梁将身体向上收缩,使跑车的车辆从下部通过。③ 巷道中有水沟时,应趴在水沟中避灾;巷道中敷设管道时,应钻到管道下面贴巷道帮避灾(注意随身衣物、腰带等影响)。④ 在应急避险的同时,要大声报警,发出危险紧急信号,及时通知附近其他人员应急避险。⑤ 灾害发生后,及时查看现场人员受伤情况,积极施救并向矿调度汇报。

36. 矿井提升机发生蹾罐时,乘坐人员应采取怎样的紧急避险措施?

答:蹾罐是矿井提升运输中发生较多的一种灾害事故。它对乘坐人员的伤害来自罐笼底部的强烈冲击,可造成腿部骨折等创伤。蹾罐时乘坐人员应急避灾逃生的要领是:① 当罐笼下降到离停罐位置30多米处时还不减速,乘坐人员就要做好思想准备,立即采取措施防止蹾罐伤害。② 罐笼内人员不多时,应分散到两边。乘罐人员两手握紧罐内的扶手,提气使手用劲,有条件时可使两腿悬空,以便蹾罐时减少或免除对人体特别是腿部的伤害。③ 罐笼内人员较多时,不可能每人都能握住罐内的扶手，未握住扶手的人也应靠两边站，并抓住握扶手的人，还应将两腿弯曲，这样，蹾罐时就可减少由于人体惯性运行向罐底的冲击，从而减轻对乘罐人员的伤害。④ 发生蹾罐事故后，未受伤人员应立即在现场为受伤人员进行止血、包扎和骨折临时固定等紧急处理，并迅速运送升井到医院救治。

37. 矿井提升机罐笼断绳时，乘坐人员应采取怎样的紧急避险措施？

答：罐笼断绳时乘坐人员应急避灾逃生的要领是：① 及时根据罐笼异常运行情况（如向上运行突然变为向下运行并减速停止，向下运行突然速度加快并减速停止），判定罐笼断绳事故。② 握紧罐笼内的扶手，不能握扶手的应抓住握扶手的人，以免罐笼快速停止时摔伤和出现其他伤害。③ 罐笼由于保险装置的作用减速并停稳后，乘罐人员一定要镇静，切不可在罐笼中来回奔跑、推拉，发求救信号应以呼叫为主，保持罐笼的平衡。④ 罐笼停止处不论是否靠近立井的梯子间，遇险人员都不能打开罐帽盖，冒险进入梯子间（这样的坏处有：一是破坏罐笼的平衡，从而导致坠罐事故的发生；二是进入梯子间的过程中有很大的危险性，稍不小心将会摔入井筒底部），必须耐心等待救援。

38. 斜井人车断绳时，乘坐人员应采取怎样的紧急避险措施？

答：斜井人车都有断绳保险装置，断绳后会使人车自动停止下来，乘坐人员一般不会发生严重伤害。相关应急避灾逃生的要领是：① 乘车人员发现人车运行情况出现异常时，如向上运行突然变为向下运行并减速停止，向下运行突然速度加快并减速停止，即可基本断定人车发生了断绳事故。② 在人车运行发生上述变化的过程中，乘坐人员应握紧车内的座椅靠背或扶手，以免人车快速停止时摔伤和出现其他伤害。③ 在人车减速的过程中，乘车人员千万不能跳车；当人车停稳后，乘车人员要立即下车。④ 人车发生断绳事故后，跟车工应打乱点，发出事故信号，通知矿井有关人员及时组织抢救。

39. 斜井人车跳道运行时，乘坐人员应采取怎样的紧急避险措施？

答：斜井人车跳道后，由于绞车司机并不知道，因此不会停车，人车仍按原方向在轨道外运行。这时，乘车人员应急避灾逃生的要领是：

① 人车跳道后，无论是向上还是向下运行，都会产生强烈的震动和颠簸，此时，跟车工应立即发停车信号。② 人车在轨道外运行时，乘车人员要握紧车内的座椅靠背或扶手，以防止或减轻人车颠簸对人体的伤害。③ 人车在运行时，不论震动和颠簸多么厉害，乘车人员千万不能跳车。人车停稳后，乘车人员要立即下车。

40. 乘人钢丝绳输送带发生事故时，乘坐人员应采取怎样的紧急避险措施?

答：乘人钢丝绳输送带发生的事故通常是断钢丝绳和断输送带，乘坐人员应急避灾逃生的要领是：① 牵引钢丝绳断开后，输送带会停止运行，但对乘坐人员不会产生伤害，这时，乘坐人员应立即下输送带，并通知有关人员进行处理。② 断输送带后，断口附近的乘坐人员会被输送带打伤和盖住，未受伤的人员应立即下输送带，到事故发生地点迅速拉开输送带，救出打伤和盖住的人员，并根据创伤情况，在现场进行止血、包扎、骨折临时固定等急救处理。③ 倾斜井巷输送带拉断后，乘坐人员不仅要迅速下输送带，还要注意观察输送带的下滑情况，采取措施进行躲避，防止输送带下滑伤人。

八、自救互救

41. 自救、互救与现场急救的重要性是什么?

答：矿井发生事故后，专职救护队不可能立即到达事故地点，实践证明，现场作业人员如能在事故初期及时采取措施，正确开展自救、互救，可以降低事故危害程度，减少人员伤亡。自救、互救的成效如何，决定于自救和互救方法的正确性。

42. 确保自救和互救成功应掌握哪些必备知识?

答：(1) 熟悉所在矿井的灾害预防和处理计划。

(2) 掌握矿井灾害事故的特点和规律。

(3) 熟悉矿井的避灾路线和安全出口，会使用自救器。

(4) 职工要会识别各种灾害的预兆，学会处理初发事故的方法和急救措施。

(5) 掌握各种灾害的避灾方法。

（6）掌握抢救伤员的基本方法及现场急救的操作技术。

43. 什么是现场急救？

答：现场急救是指在事发现场，对伤员实施及时、有效的初步急救，是立足于现场的抢救。现场及时、正确的救护，为医院救治创造了条件，能最大限度地挽救伤员的生命和减少伤残。

44. 事故现场急救的目的是什么？

答：① 挽救生命；② 稳定病情；③ 减少伤残；④ 减轻痛苦。

45. 现场急救时间怎么把握？

答：现场创伤急救的关键在于"及时性"，所以急救时间的把握最为关键。通常人员受伤后，2 min 内进行急救的成功率可达 70%，4～5 min 内进行急救的成功率可达 43%，15 min 以后进行急救的成功率则较低。据统计，现场创伤急救搞得好，可减少 20%伤员的死亡率。

46. 为什么现场作业人员自救时必须遵守"灭、护、撤、躲"四原则？

答：（1）灭。就是在保证安全的前提下，采取积极有效措施，将事故消灭在初始阶段或控制在最小范围，最大限度地减少事故造成的伤害和损失。

（2）护。因事故造成自己所在地点的有毒有害气体浓度增高，可能危及人员生命安全时，可使用自救器，或用湿毛巾捂住口鼻等。

（3）撤。当灾区现场不具备抢救事故的条件，或可能危及人员安全时，要以最快速度，选择最近的路线撤离灾区。

（4）躲。当在短时间内无法安全撤离灾区时，应迅速进入预先构筑的避难硐室或其他安全地点暂时躲避，等待援救，也可利用现场的设施和材料构筑临时避难硐室。

47. 现场作业人员互救时应遵守的"三先三后"原则的内容是什么？

答：① 对窒息（呼吸道完全堵塞）或心跳呼吸骤停的伤员，必须先复苏，后搬运；② 对出血的伤员，先止血，后搬运；③ 对骨折的伤员，先固定，后搬运。

48. 井下避灾的基本原则是什么？

答：① 积极抢救；② 及时报警；③ 安全撤离；④ 妥善避灾。

49. 撤离灾区时应遵守的行动准则是什么?

答:① 沉着冷静;② 认真组织;③ 团结协作;④ 加强安全防护;⑤ 正确选择撤退路线;⑥ 积极配合救护人员的抢救工作。

50. 化学氧隔离式自救器怎样使用?

答:(1) 佩戴位置:将专用腰带穿入自救器腰带内卡与腰带外卡之间,并固定在背部后侧腰间。

(2) 开启扳手:使用时,先将自救器沿腰带转到右侧腹前,左手托底,右手下拉护罩胶片,使护罩挂钩脱离壳体扔掉,再用右手掰锁口带扳手至封条断开后,丢开锁口带。

(3) 去掉上外壳:左手抓住下外壳,右手将上外壳用力拔下丢掉。

(4) 套上挎带:将挎带组套在脖子上。

(5) 提起口具并立即戴好:用力提起口具,靠拴在口具与启动环间的尼龙绳的张力将启动环拉出,此时气囊逐渐鼓起。立即拔掉口具塞并同时将口具放入口中,口具片置于唇齿之间,牙齿紧紧咬住牙垫,紧闭嘴唇。一旦尼龙绳被拉断而气囊未鼓,可以直接拉启动环。

(6) 夹好鼻夹:两手同时抓住两个鼻夹垫的圆柱形把柄,将弹簧拉开,憋住一口气,使鼻夹垫准确地夹住鼻子。

(7) 调整挎带,去掉下外壳:如果挎带过长,抬不起头,可以拉动挎带上的大圆环,使挎带缩短,长度适宜后,系在小圆环上,然后抓住下外壳两侧,向下用力将下外壳脱下扔掉。

(8) 系好腰带:将腰带一头绕过腰内插入腰带另一头的圆环后系好。

(9) 撤出灾区:上述操作完毕后,开始撤离灾区。途中感到吸气不足时不要惊慌,应放慢脚步,做深长呼吸,待气量充足时再快步行走。

化学氧自救器的佩戴与使用注意事项三维仿真	化学氧自救器的佩戴使用真人实操

51. 化学氧隔离式自救器使用的注意事项是什么?

答:(1) 每班携带自救器前,应检查自救器外壳有无损伤或松动,如发现不正常现象应及时将自救器送到发放室检查校验。

(2) 携带自救器时,应避免碰撞、跌落,禁止将自救器当坐垫用;禁止用尖锐的器具猛砸外壳或药罐;禁止自救器接触带电体或浸泡在水中。

(3) 携带自救器时,任何场所不准随意打开自救器上外壳;如果自救器上外壳已意外开启,应立即停止携带,做报废处理。

(4) 在井下工作时,一旦发现事故征兆,应立即佩戴自救器后迅速撤离。佩戴自救器要求操作准确、迅速。

(5) 佩戴自救器撤离火区时,要冷静、沉着,最好匀速行走。

(6) 在整个逃生过程中,要注意把口具、鼻夹戴好,保证不漏气,严禁从嘴中取下口具说话。

(7) 吸气时,比平时正常吸气干、热一些,表明自救器在正常工作,对人体无害,此时千万不可取下自救器。

(8) 当发现呼气时气囊瘪而不鼓,并渐渐缩小时,表明自救器的使用时间已接近终点,要做好应急准备。

(9) 呼气和吸气时都要慢而深(即深呼吸)。口与自救器的距离不能过近,以免气囊内的呼气软管打折,增加呼气阻力。

(10) 使用中应防止利器刺伤、划伤气囊。

(11) 在未到达安全地点前严禁摘下自救器。

52. 压缩氧隔离式自救器怎样使用?

答:(1) 佩戴位置:挎在肩膀上或者挂在专用腰带上。

(2) 开启手把:打开外壳封口带手把。

(3) 打开上盖:左手抓住氧气瓶,右手用力向上提上盖。此时氧气瓶开关即可自动打开,随后将主机从下壳中拽出。

(4) 套上挎带:摘下安全帽,挎上挎带,戴好安全帽。

(5) 提起口具并立即戴好:拔开口具塞,将口具放入口中,牙齿咬住牙垫。

(6) 夹好鼻夹:将鼻夹夹在鼻子上,开始呼吸。

(7) 开启气囊供气:在呼吸的同时,按动补给按钮,大约 1～2 s,气囊充满后立即停止(在使用过程中发现气囊供气不足时,按上述方法操作)。

(8) 调整腰钩:挂上腰钩。

(9) 撤出灾区:上述操作完毕后,开始撤离灾区。途中感到吸气不足时不要惊慌,应放慢脚步,做深长呼吸,待气量充足时再快步行走。

压缩氧自救器的佩戴与使用注意事项三维仿真	压缩氧自救器的佩戴使用真人实操

53. 压缩氧隔离式自救器佩戴及使用应注意哪些事项?

答:压缩氧隔离式自救器佩戴及使用时应注意以下事项:

(1) 佩戴注意事项:

① 入井必须随身携带,上井必须及时归位。

② 待用时,任何场所不准随意打开自救器上壳。

③ 如自救器外壳已意外开启或有破损,应立即停止携带。

④ 此类自救器属一次性佩戴使用产品,过期和已使用过的自救器,不允许重复使用。

(2) 使用注意事项:

① 一旦发现事故征兆,就应立即佩戴,并且操作要正确和迅速。

② 佩戴撤离时,要冷静、沉着,最好匀速行走。

③ 逃生使用过程中,无论什么情况都要始终保持自救器初始佩戴状态。

④ 万一碰掉鼻夹时,要控制不用鼻孔吸气,迅速再夹上鼻夹。

⑤ 当发现呼气时气囊瘪而不鼓并渐渐缩小时,表明自救器的使用时间已接近终点。

另外，需要注意的是，无论是压缩氧还是化学氧自救器，员工每天升井后都应交到矿指定部门或位置，以便对它进行正常维护，保证自救器完好状态，绝不可以锁进换衣箱或带回家。

54. 井下冒顶挤压受伤人员急救操作要领是什么?

答：井下冒顶挤压受伤人员急救操作的要领是：

(1) 搬除重物。要搬除压在身上的重物，并及时清除其口、鼻异物，保持呼吸道通畅。

(2) 立即制动。伤员取平卧位，对肿胀的肢体不移动、减少活动，将伤肢暴露在凉爽处或用凉水降低伤肢温度(冬季要注意防止冻伤)，对伤肢不抬高、不按摩、不热敷。在骨折处做临时固定，对出血者做止血处理。

(3) 及时止血。对开放性伤口和活动性出血者，应予止血，不加压包扎，更不要上止血带(大血管断裂出血时除外)。

(4) 抓紧送治。迅速报告矿调度，安排运输车辆，并自制简易担架，将伤员紧急送往地面医院。

55. 井下机械伤害受伤人员急救操作要领是什么?

答：井下现场机械事故受伤人员急救操作的要领是：

(1) 当发生机械伤害事故后，现场作业人员应立即停止机械设备运转，杜绝事故扩大化。

(2) 当井下发生机械伤害事故后，救援人员应按照“紧急救灾，方法得当，救人优先，以人为本”的原则进行应急抢险救灾。

(3) 发生机械伤害事故后，事故发现者应立即向调度室汇报，并听从调度救护指令。

(4) 针对不同的机械伤害事故应采取不同的急救方法，以避免遇难者受到二次伤害。

(5) 对伤员按照“三先三后”的原则开展急救。

(6) 救护人员在救援过程中要以确保自身安全为前提，防止事故扩大。

56. 井下高空坠落受伤人员急救操作要领是什么?

答：井下高空坠落受伤人员急救操作的要领是：

(1) 事故发生后,立即全面检查伤员伤情,并立即报告矿调度。

(2) 结合伤员情况,急救者按“三先三后”原则对伤员进行现场急救。

(3) 若受害者伤势严重,已超出急救者救护能力,应在保证受伤人员不遭受二次伤害的前提下,迅速送上井。

57. 井下烧伤人员急救操作要领是什么?

答:井下烧伤人员急救,除了及时向矿调度报告外,还应掌握以下“五字”操作要领:

(1) 灭。扑灭伤员身上的火,使伤员尽快脱离热源,缩短烧伤时间。

(2) 查。检查伤员呼吸、心跳情况;检查是否有其他外伤或有害气体中毒;对爆炸冲击烧伤伤员,应特别注意有无颅脑或内脏损伤和呼吸道烧伤。

(3) 防。要防止休克、窒息、创面污染。伤员因疼痛和恐惧发生休克时或发生急性喉头梗阻而窒息时,可进行人工呼吸等急救。为了减少创面的污染和损伤,在现场检查和搬运伤员时伤员的衣服可以不脱、不剪开。

(4) 包。用较干净的衣服把创面包裹起来,防止感染。在现场除化学烧伤可用大量流动的清水持续冲洗外,对创面一般不做处理,尽量不弄破水泡以保护表皮。

(5) 送。把严重伤员迅速送往附近医院。

58. 井下触电人员急救操作要领是什么?

答:井下触电人员急救操作的要领是:

(1) 立即切断电源,或使触电者脱离电源。

(2) 迅速观察伤员有无呼吸和心跳。如发现已停止呼吸或心音微弱,应立即进行人工呼吸或胸外心脏按压。

(3) 若呼吸和心跳都已停止时,应同时进行人工呼吸和胸外心脏按压。

(4) 对遭受电击者,如有其他损伤(如跌伤、出血等),应做相应的急救处理。

(5) 迅速报告矿调度。

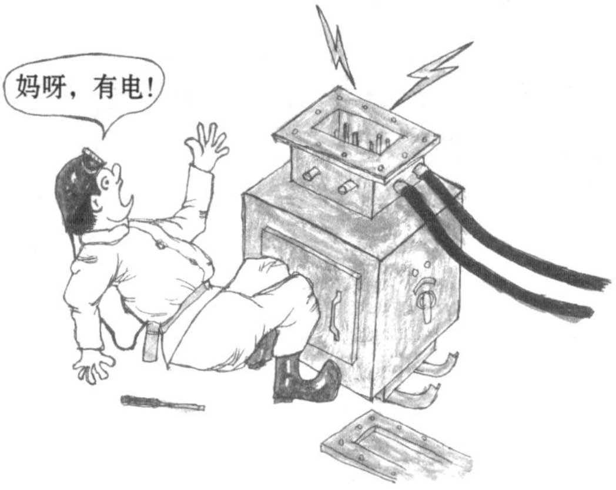

59. 井下受物体打击受伤人员急救操作要领是什么?

答:井下受物体打击受伤人员急救操作的要领是:

(1) 马上组织抢救伤员脱离危险现场,迅速检查伤情,重点放在颅脑损伤、胸部骨折和出血上。如伤员发生休克,应先处理休克。遇呼吸、心跳停止者应立即进行人工呼吸,并尽快报告矿调度。

(2) 在移动昏迷的颅脑损伤伤员时,应保持头、颈、胸在一直线上,不能任意旋曲。若伴颈椎骨折,更应避免头颈的摆动,以防引起颈部血管神经及脊髓的附加损伤。

(3) 伤员如果出现颅脑损伤,必须维持其呼吸道通畅。昏迷者应平卧,面部转向一侧,以防舌根下坠或分泌物、呕吐物吸入,发生喉阻塞。有骨折者,应初步固定后再搬运。

(4) 防止伤口污染,切勿拔出创口内的毛发及异物、凝血块或碎骨片等。

(5) 在运送伤员升井时,昏迷伤员应取侧卧位或仰卧偏头,以防止呕吐后误吸。对脊柱有骨折者应用硬板担架运送(可以利用井下现场物料自制简易担架),勿使脊柱扭曲。

60. 井下溺水人员急救操作要领是什么?

答:井下溺水人员急救操作的要领是:

(1) 转送:把溺水者从水中救出后,立即转送到比较温暖和空气流通的安全地点,并迅速报告矿调度。

(2) 检查:以最快速度检查溺水人员的口鼻,如果有泥水和污物堵塞,应迅速清除,擦洗干净,以保持其呼吸道畅通。

(3) 控水:将其腹部放在急救者的大腿或者膝盖上,使头部下垂,或者抱其腰部,使其臀部向上、头部下垂。

(4) 人工呼吸:如果溺水者呼吸停止,要立即进行人工呼吸。如果呼吸心跳均停止,要立即进行胸外心脏按压,同时进行人工呼吸。

61. 井下有害气体中毒或窒息人员急救操作要领是什么?

答:井下有害气体中毒或窒息人员急救操作的要领是:

(1) 当作业人员突然出现头晕、头疼、恶心、无力等症状时,必须考虑到有发生有毒有害气体中毒的可能性,此刻应立即佩戴自救器,迅速撤至新鲜风流区域。如情况严重,无法撤离,应立即启用定位仪报警。

(2) 当发生人员中毒窒息事故,应立即将遇险人员抢救至新鲜风流区域。在进入灾区前,瓦斯检查工应携带检测设备对气体进行检测,并采取局部通风和佩戴自救器等方法,严禁盲目施救。

(3) 将中毒人员从灾区运送到新鲜风流区域后,应安置在顶板良好、无淋水的地点或地面,采取平卧位,迅速将中毒者口、鼻内的黏液、血块、泥土、碎煤等除去,使伤员仰头抬颌,保持呼吸道通畅,解开伤员的上衣、腰带,将鞋脱掉,并注意保暖。

(4) 要立即检查伤员的呼吸、心跳、脉搏和瞳孔情况,如伤员呼吸微弱或已停止,应立即做人工呼吸。当出现心跳停止的现象时,除进行人工呼吸外,还应同时进行胸外心脏按压急救。

(5) 立即组织将伤员送往地面医院进行专业抢救。

62. 井下创伤性休克人员急救操作要领是什么?

答:创伤性休克是由于剧烈的打击、重要脏器损伤、大出血使有效循环血量锐减,以及剧烈疼痛、恐惧等多种因素综合形成的。

井下创伤性休克人员现场急救操作的要领是:

(1) 让患者平卧,保持安静,避免过多的搬动,注意保温和防暑。

(2) 对创口予以止血和简单清洁包扎,以防再次污染;对骨折要做初步固定。

(3) 保持呼吸道通畅,昏迷患者头应侧向,并将舌牵出口外。

(4) 及时报告矿调度,抓紧时间安排运输车辆送伤员到地面医院。

63. 现场急救通常需要掌握哪些操作技能?

答:实践中,现场创伤急救一般需要掌握人工呼吸、心肺复苏、止血、创伤包扎、骨折临时固定和伤员搬运等操作技能。

心肺复苏操作步骤	止血带止血法操作步骤	动脉行径止血法操作步骤

布带绞紧止血法操作步骤	三角巾包扎操作步骤	绷带包扎操作步骤

上肢骨折固定操作步骤	大腿骨折固定操作步骤	小腿骨折固定操作步骤

单人搬运法	双人搬运法	三人搬运法

复习思考题

1. 在井下巷道中当遇到急速水流来不及躲避时，现场人员应采取怎样的紧急避险措施？

2. 矿井发生火灾时，如果现场作业人员无法撤离应该怎么做？

3. 瓦斯、煤尘爆炸时，现场人员应采取怎样的紧急避险措施？

4. 矿井发生冲击地压导致巷道冒顶（片帮）时，现场人员应采取怎样的紧急避险措施？

5. 矿井提升机发生蹾罐时，乘坐人员应采取怎样的紧急避险措施？

6. 矿井发生火灾事故时，现场人员应如何进行初始应急处置，有哪些注意事项？

7. 自救、互救与现场急救的重要性是什么？

8. 为什么现场作业人员自救时必须遵守“灭、护、撤、躲”四原则？

9. 井下触电人员急救操作要领是什么？

10. 井下溺水人员急救操作要领是什么？

11. 想一想或者请教老员工，您工作地点的避灾路线是什么？

自 测 题

（共 100 分，80 分合格）

得分：________

一、判断题（每题 3 分，共 30 分）

1. 确定“透水”是老窑积水时，应立即佩戴使用自救器避灾逃生。（ ）

2. 在避灾地点有仍在送风的局部通风机或压风机管道，或者附近有压风自救系统，要迅速打开这些设施，放出污浊空气。（ ）

3. 矿井发生瓦斯、煤尘爆炸，有的时候在远方巷道出现一道蓝光，很快爆炸的冲击波就来到眼前。（ ）

4. 发现有冒顶预兆，自己又无法逃脱现场时，应立刻向外跑。（ ）

5. 冲击地压发生时，如同爆炸一样，大量的煤、岩石突然被抛出，并伴有巨大的声响和岩体震动，形成大量的煤尘和强烈的空气冲击波，造成支架折损、片帮冒顶、巷道堵塞，部分巷道垮落，严重伤及人员和损坏生产安全设施。（ ）

6. 采煤工作面发生煤与瓦斯突出或出现预兆时，必须迅速向外撤至防突反向风门之外。（ ）

7. 斜井人车都有断绳保险装置，断绳后会使人车自动停止下来，乘坐人员一般不会发生严重伤害。（ ）

8. 自救、互救的成效如何，决定于自救和互救方法的正确性。（ ）

9. 对窒息（呼吸道完全堵塞）或心跳呼吸骤停的伤员，必须先复苏、后搬运。（ ）

10. 创伤性休克是由于剧烈的打击、重要脏器损伤、大出血使有效循环血量锐减，以及剧烈疼痛、恐惧等多种因素综合形成的。（ ）

二、单选题(每题3分,共30分)

1. 矿井井下发生火灾时,如果附近有脱离灾区的通道出口,并且又有把握脱险时,或者只有逆烟撤离才有求生希望时,可以采取(　　)撤离避灾的方法。

A. 逆烟流　　B. 顺烟流　　C. 逆风流

2. 瓦斯、煤尘爆炸的现场人员一定要用衣物护好身体,以避免(　　)。

A. 受伤　　B. 烫伤　　C. 烧伤

3. 冒顶事故发生后,伤员要尽一切努力争取(　　)脱离事故现场。

A. 时间　　B. 自行　　C. 外援

4. 人车发生断绳事故后,跟车工应打(　　),发出事故信号,通知矿井有关人员及时组织抢救。

A. 短点　　B. 长点　　C. 乱点

5. 遇到触电者,应先(　　)。

A. 切断电源　　B. 拉触电者　　C. 进行心肺复苏

6. 无论是压缩氧还是化学氧自救器,员工每天升井后都应交到矿指定部门或位置,以便对它进行正常(　　),保证自救器完好状态,绝不可以锁进换衣箱或带回家。

A. 维护　　B. 维修　　C. 检修

7. 当发生机械伤害事故后,现场作业人员应立即停止机械设备运转,杜绝事故(　　)。

A. 严重化　　B. 复杂化　　C. 扩大化

8. 在现场除化学烧伤可用大量流动的清水持续冲洗外,对创面一般不做处理,尽量不弄破(　　)以保护表皮。

A. 伤口　　B. 水泡　　C. 皮肤

9. 遇呼吸、心跳停止者应立即进行(　　),并尽快报告矿调度。

A. 心肺复苏　　B. 紧急抢救　　C. 外运

10. 当发生人员中毒窒息事故,应立即将遇险人员抢救至(　　)。

A. 安全区域　　B. 进风区域　　C. 新鲜风流区域

三、多选题(每题 4 分,共 40 分)

1. 矿井发生火灾事故时,如果火势较大不能控制,要立即组织撤离,其间要注意科学的自救互救,保持良好的心理状态,(　　)。

A. 互相照应　　B. 各自逃生

C. 互相帮助　　D. 优先逃生

2. 矿井发生事故后,矿山救护队不可能立即到达事故地点,实践证明,现场作业人员如能在事故初期及时采取措施,正确开展自救、互救,可以(　　)。

A. 避免事故发生　　B. 降低事故危害程度

C. 减少人员伤亡　　D. 快速逃生

3. 井下避灾的基本原则是(　　)。

A. 积极抢救　　B. 及时报警

C. 安全撤离　　D. 妥善避灾

4. 携带自救器时,应避免(　　),禁止将自救器当坐垫用。

A. 碰撞　　B. 使用

C. 淋水　　D. 跌落

5. 佩戴隔绝式自救器撤离时,要(　　),最好匀速行走。

A. 心平气和　　B. 冷静

C. 不慌不忙　　D. 沉着

6. 急救井下冒顶挤压受伤人员时,伤员取平卧位,对肿胀的肢体不移动、减少活动,将伤肢暴露在凉爽处或用凉水降低伤肢温度(冬季要注意防止冻伤),对伤肢(　　)。

A. 不能碰　　B. 不抬高

C. 不按摩　　D. 不热敷

7. 对井下烧伤人员急救要防止(　　)。

A. 休克　　B. 窒息

C. 活动　　D. 创面污染

8. 在移动受物体打击昏迷的颅脑损伤伤员时,应保持(　　)在一直线上，不能任意旋曲。

A. 头　　B. 肩

C. 颈　　D. 胸

9. 当作业人员突然出现(　　)等症状时，必须考虑到有发生有毒有害气体中毒的可能性，此刻应立即佩戴自救器，迅速撤至新鲜风流区域。

A. 头晕　　B. 头疼

C. 恶心　　D. 无力

10. 创伤性休克是由于剧烈的打击、重要脏器损伤、大出血使有效循环血量锐减，以及(　　)等多种因素综合形成的。

A. 剧烈运动　　B. 剧烈疼痛

C. 紧张　　D. 恐惧

第　三　篇

煤矿典型事故案例分析

模块十二　瓦斯事故案例分析

【学习提示】

什么是瓦斯事故？为什么要进行瓦斯事故案例分析学习？瓦斯事故是指由于瓦斯的存在并失控而导致的事故，包括瓦斯爆炸事故、煤与瓦斯突出事故、瓦斯燃烧事故、窒息事故等。矿井一旦发生瓦斯事故，可能造成人员伤亡、巷道和器材设施破坏，严重威胁矿工生命安全并带来巨大的经济损失。通过以往煤矿发生的瓦斯事故案例分析学习，可以教育警示我们吸取事故教训，遵章守纪，按章作业，避免同类事故的发生。

陕西省某煤矿"8·21"重大瓦斯爆炸事故

(1) 事故经过

2023 年 8 月 21 日 14 时 50 分，带班矿领导李某伟(通防副总工程师兼通风科科长)带领通风队瓦斯检查班班长赵某小，瓦斯检查员李某刚、高某同、侯某卫，测风员刘某宇，冲尘工白某等 7 人下井启封 301 盘区运输巷里段盲巷密闭并排放瓦斯。约 17 时 20 分，当班瓦斯检查员贺某飞、安全检查员张某凯巡回检查至 301 盘区运输巷移动变电硐室处时听到 301 盘区运输巷里段有砸墙的声音，此时 301 盘区运输巷移动变电硐室处瓦斯情况正常。约 18 时，贺某飞、张某凯走到 301 盘区运输巷密闭墙处，发现李某伟和 2 名工人正在砸墙，另外 4 名工人在连接风筒；当砸开密闭墙下部约三分之一时，贺某飞携带的便携式瓦斯检测仪报警显示密闭墙附近瓦斯浓度超过 4%，用 10%量程的光学瓦斯检测仪检查瓦斯，显示浓度超过 10%。约 18 时 30 分，贺某飞、张某凯离开密闭处时，发现此时风筒已连接到密闭墙砸开的洞口，侯某卫用开启 2 min、停止 5～10 min 的方法交替启停控制风机，排放密闭墙内的瓦斯。18 时 40 分，当班瓦斯检查员贺某飞二次检查 301 盘区运输巷移动变电硐室处上部瓦斯，发现瓦斯浓度达 6.04%，此时密闭墙内高浓度瓦斯已逆流扩散至移动变电硐室处。约 19 时，通风副总李某伟带领瓦斯班长赵某小等人陆续来到移动变电硐室。约 19 时 30 分，贺某飞和张某凯离开移动变电硐室，约 20 时 31 分，两人巡检至 301 盘区运输巷六联巷口时听到第一次爆炸声，冲击波把两人冲倒在地，紧接着听到第二次爆炸声。20 时 31 分，地面调度室值班员徐某鹏、监测监控员孙某琴同时发现“301 盘区变电所断电、301 盘区回风巷掘进工作面局部通风机断电、301 盘区瓦斯传感器断线”，徐某鹏通过调度电话向井下 1303 综采工作面带式输送机机头处询问情况无人接听。20 时 40 分，1303 综采工作面人员向调度室汇报“301 盘区里面出事了，有人员受伤，赶紧派人下井救援”。

事故造成 11 人死亡、11 人受伤，直接经济损失 1 919.2 万元

(2) 事故原因分析

① 直接原因

排放 301 盘区运输巷密闭墙以里盲巷内瓦斯时，排出的瓦斯一部分通过约 0.6 m 高的 N001301 停采开切眼随风流进入与之串联的 301 盘区七联巷隐瞒炮掘工作面，一部分扩散蔓延(排瓦斯风机产生“循环风”)到 301 盘区运输巷移变硐室区域；301 盘区七联巷隐瞒炮掘工作面作业人员抽烟点火引起瓦斯爆炸，爆炸火焰逆风流传入 301 盘区运输巷密闭墙至移动变电硐室区域引起二次瓦斯爆炸。

② 间接原因

a. 严重违法违规组织生产。

b. 安全主体责任不落实。

c. 日常安全管理混乱。

d. 技术管理缺失。

e. 安全培训不到位。

③ “三违”行为原因分析

a. 违章启封密闭，排放瓦斯“一风吹”，瓦斯超限后，当班带班领导继续组织工人冒险作业。

b. 职工入井不带人员定位卡或带其他人员的定位卡下井，作业人

员携带烟草、点火物品入井，部分管理人员入井不带自救器、不带便携式瓦斯检测仪。

c. 侯某卫用开启 2 min、停止 5～10 min 的方法交替启停控制风机，排放密闭墙内的瓦斯，违章作业。

d. 带班矿领导李某伟(通防副总工程师兼通风科科长)带领通风队瓦斯检查班班长赵某小，瓦斯检查员李某刚、高某同、侯某卫，测风员刘某宇，冲尘工白某等 7 人下井启封 301 盘区运输巷里段盲巷密闭并排放瓦斯，违章指挥。

答　挑战答题

说明：挑战答题均为判断题，答案在文中找，下同。

① 贺某飞携带的便携式瓦斯检测仪报警显示密闭墙附近瓦斯浓度超过 4%，用 10%量程的光学瓦斯检测仪检查瓦斯，显示浓度超过 10%，是本起事故的直接原因。(　　)

② 排瓦斯风机产生“循环风”，属于正常排放措施。(　　)

③ 带班矿领导李某伟(通防副总工程师兼通风科科长)带领通风队瓦斯检查班班长赵某小，瓦斯检查员李某刚、高某同、侯某卫，测风员刘某宇，冲尘工白某等 7 人下井启封 301 盘区运输巷里段盲巷密闭并排放瓦斯，是违章作业。(　　)

(3) 事故防范措施

① “三违”行为防范措施

a. 严禁违章擅自启封密闭或排放瓦斯“一风吹”，瓦斯超限后，当班带班领导应立即组织工人停止作业并撤退。

b. 严禁职工入井不带人员定位卡或带其他人员的定位卡下井，作业人员严禁携带烟草、点火物品入井，部分管理人员入井必须携带自救器、便携式瓦斯检测仪。

c. 严禁用开启 2 min、停止 5～10 min 的方法交替启停控制风机，以排放密闭墙内的瓦斯。

② 其他防范措施

a. 严格落实企业安全生产主体责任。

b. 扎实开展重大灾害普查治理。

c. 强化事故警示教育和安全教育培训。

d. 加强应急体系和能力建设。

挑战答题

④ 所有人员严禁擅自启封密闭。 (　　)

⑤ 排瓦斯可以“一风吹”。 (　　)

⑥ 瓦斯检查员发现瓦斯浓度超限，可以继续作业。 (　　)

模块十三　顶板事故案例分析

【学习提示】

什么是顶板事故？为什么要进行顶板事故案例分析学习？顶板事故是指在地下采煤过程中，顶板意外冒落造成人员伤亡、设备损坏、生产终止等的事故。在煤矿开采中，灾害事故不断发生，据统计，在煤矿发生的安全生产事故中，约60%是顶板事故。消除顶板安全事故需做好煤矿顶板控制和巷道支护。顶板灾害是煤矿主要灾害之一，煤矿井下采掘头面及巷道点多面广战线长，顶板风险管控难度很大，特别在巷修时顶板管控一旦失效，极易发生“关门堵人”“盖被子”等群死群伤恶性事故。因此，我们必须强化顶板管理知识培训学习，吸取顶板事故教训，掌握顶板冒落预兆，加强现场顶板控制和巷道支护，避免顶板事故发生。

湖南省某煤矿“8·8”一般顶板事故

(1) 事故经过

2024年8月8日7时20分，带班矿领导曹某亮组织召开班前会，安全员李某平、瓦斯检查员郑某贵及维修班5人(班长谢某生、副班长李某兵、曾某庆、杨某生、陈某山)等参加会议，安排当班工作任务，并交代有关安全注意事项。曹某亮安排谢某生、李某兵、曾某庆3人去22142回风巷维修，杨某生、陈某山两人去22142运输巷架设支护。8时03分，曹某亮、李某平一起入井，11时到达22142回风巷维修作业点检查。此时，22142回风巷维修作业人员尚未进班，曹某亮发现该维修作业点有冒落的煤矸，没发现其他问题，两人离开前往其他地点检查，于15时30分出井。11时57分，谢某生、李某兵、杨某生、曾某庆、陈某山一起下井。经过井底车场时，杨某生向谢某生提出将曾某庆调整至22142机巷安设液压支架，谢某生未反对，也未将此情况向领导及调度室汇报。13时，谢某生、李某兵两人到达22142回风巷，发现维修地点顶部有煤矸冒落，1号棚子下堆有煤矸。两人在1号支架后方补打了6根撑筒，在支架上方用竹篾板进行封闭，清理出2车煤矸后，又在1号支架左侧增打了2根撑筒，并在1号支架横梁上方右侧打了2根空心锚杆控顶(按维修安全技术措施的规定全部控好顶至少应该打6根空心锚杆)。随后，谢某生将一车煤矸推往−150 m车场，李某兵则继续在维修作业点(0号支架下方)清理冒落的煤矸。16时10分，0号支架上方煤矸突然冒落，垮落的煤矸将李某兵埋压在巷道左侧，仅剩头部露在外面。至此，事故已发生。

事故造成1人死亡，直接经济损失163.6万元。

(2) 事故原因分析

① 直接原因

事故地点因长期失修，局部冒落造成空顶，且具有再次冒落危险性；作业人员未按“先控顶、后维修”的要求，冒险站在危险区内违章作业，顶板再次冒落导致事故。

② 间接原因

a. 现场管理不到位。一是维修班长默许2人维修作业；在离开维修作业现场时，未要求作业人员立即停止维修作业。二是未落实相关制度要求，22142回风巷维修以来，没有安排安全员在该维修作业现场盯守，也未严格落实3人维修作业制度。三是安全管理人员隐患排查处置不到位，值班矿长和安全员到达事故现场时，发现存在煤矸冒落，未按照维修措施规定进行现场处置。四是现场管理存在空档，事故当天早班安全生产管理人员到现场检查时，维修作业人员尚未进班；维修作业人员维修作业时，中班安全生产管理人员还未到达，实际维修作业时无矿领导、安全员等现场检查。

b. 劳动组织管理混乱。未经批准随意调配作业人员，导致维修作业地点人数不足3人。

c. 安全管理制度不完善、不落实。一是制度设计存在缺陷，没有全员建立安全生产责任制，无维修工岗位责任制；企业法人、矿井安全员岗位责任制与实际不符。二是制度落实不到位，22142 包保责任人未按照《煤矿包保责任管理制度》的要求到现场进行安全检查，带班矿领导未按照《矿领导带班下井制度》要求巡查头面、井下交接班，发现问题未及时处置。

d. 培训教育不到位。一是职工安全培训流于形式。无井巷维修的培训内容，培训内容不全；对培训内容抽查检查，一问三不知；从工人到矿领导毫无安全意识和劳动纪律意识，现场作业人员安全防范意识淡薄，习惯性违章作业，安全生产管理人员对习惯性违章习以为常。二是矿井对培训的监督检查不到位。安全副矿长未履行安全教育培训的领导职责，监督管理缺位。

e. 驻矿盯守存在不足。驻矿盯守人员对驻矿盯守职责不够了解，也没有发现煤矿下井人员不携带人员定位识别卡等情况，未能有效起到驻矿作用。

③ “三违”行为原因分析

a. 事故地点因长期失修，局部冒落造成空顶，且具有再次冒落危险性，违章作业。

b. 作业人员未按“先控顶、后维修”的要求，冒险站在危险区内违章作业。

c. 22142 回风巷维修以来，没有安排安全员在该维修作业现场盯守，也未严格落实 3 人维修作业制度，违章作业。

d. 维修班长默许 2 人维修作业，在离开维修作业现场时，未要求作业人员立即停止维修作业，违章指挥。

e. 没有全员建立安全生产责任制，无维修工岗位责任制，违章作业。

答 挑战答题

① 事故地点因长期失修，局部冒落造成空顶，且具有再次冒落危险性，是造成事故的直接原因。 (　　)

② 作业人员违反“先控顶、后维修”的要求，冒险站在危险区内违章作业。 (　　)

③ 值班矿长和安全员到达事故现场时，发现存在煤矸冒落，未按照维修措施规定进行现场处置。（　）

（3）事故防范措施

①“三违”行为防范措施

a. 严禁空顶作业。

b. 作业人员应按“先控顶、后维修”的要求进行作业。

c. 22142 回风巷维修应安排安全员在该维修作业现场盯守，严格落实 3 人维修作业制度。

d. 维修班长严禁违章指挥。

e. 建立安全生产责任制和维修工岗位责任制。

② 其他防范措施

a. 切实深刻汲取事故教训。

b. 确保“八条硬措施”硬落实。

c. 进一步规范劳动组织。

d. 扎实有效开展好两个专项检查。

e. 切实提高安全教育培训质量。

f. 严格事故报告的有关规定，及时上报事故信息。

答 挑战答题

④ 22142 回风巷维修应安排安全员在该维修作业现场盯守，严格落实 2 人维修作业制度。（　）

⑤ 建立安全生产责任制和维修工岗位责任制。（　）

⑥ 作业人员应按“先控顶、后维修”的要求进行作业。（　）

模块十四　火灾事故案例分析

【学习提示】

什么是矿井火灾？为什么要进行矿井火灾事故案例分析学习？凡发生在矿井内或地面并威胁到井下安全生产、造成损失的失控燃烧均称矿井火灾。按引火源的不同，矿井火灾分为内因火灾和外因火灾。矿井火灾与煤尘、瓦斯爆炸的发生常互为因果关系，是酿成煤矿恶性事故的原因之一。矿井火灾事故造成的危害是：产生大量的有害气体；引起瓦斯和粉尘爆炸；毁坏设备和资源。分析火灾事故案例，能够帮助我们深刻吸取事故教训，引以为戒，防止火灾事故的发生。

贵州省某煤矿“9·24”重大火灾事故

(1) 事故经过

2023 年 9 月 24 日零点班，全矿入井 331 人、升井 315 人(含 3 名受伤人员，下同)，其中采一区入井 110 人、升井 94 人。

9 月 23 日 22 时，采一区值班区长李某某(遇难者)主持召开采一区调度会并安排当班工作。其中，采煤队出勤 17 人，到 211016 采面回采作业；保运三队出勤 5 人，负责岗位范围的带式输送机巡视；打钻二队出勤 9 人，主要负责钻孔施工。

9 月 24 日 7 时 48 分，带式输送机司机喻某某清理 1200 运输平巷三部带式输送机浮煤时，带式输送机停止了运行，随后喻某某到 215 运输石门四部带式输送机机头处打电话向采一区调度室询问带式输送机停机的情况，在调度室的保运三队队长封某某安排喻某某叫人到 211016 运输巷处理 211016 运输巷二部带式输送机断带事故，挂断电话后，喻某某发现烟雾沿着第四部带式输送机从机尾处涌出。

8 时 11 分、13 分，带式输送机司机管某某、电工许某某先后在井下分别向采一区调度室调度员杨某某汇报井下出现烟雾，杨某某均让他们查看原因，未下达撤人指令。

8时15分，采一区调度室主任王某某在采一区调度室看到视频监控中1200运输平巷二部带式输送机机尾、1813带式输送机机头、216运输北石门机头的图像是黑色的，像是烟雾，随后打电话给211016采面运输巷二部机头当班带班副区长李某某询问情况，并通知其看情况撤人。随即向在旁边会议室开会的采一区区长解某某汇报了211016运输巷等地方有烟雾的情况，解某某怀疑是电缆“放炮”引起的，就让王某某撤出211016采面的人员，并安排副区长黄某某入井处理，随后继续组织党某某、李某某等人开会安排10月份生产计划。

8时21分，王某某再次打电话给211016采面运输巷二部带式输送机机头李某某，让其了解采面情况并顺着巷道跑出来看一下烟雾来源，李某某回复王某某采面电话没人接，还没找到采面的人，让王某某先打电话寻找采面的人。

8时24分，211016采面当班瓦检员刑某某（遇难者）在211016采面运输巷二部带式输送机机头打电话给采一区调度室询问烟雾大的原因，接电话的杨某某通知其撤人。

8时27分，带班队长余某某（遇难者）在211016采面运输巷转载机机头打电话给采一区调度室询问烟雾大的原因，接电话的王某某通知其撤人。

8时28分，王某某用手机向矿调度员张某某汇报，211016运输巷有烟进去，已经安排撤人，同时让张某某通过矿调度电话打电话给采一区调度询问具体情况，张某某要求停电撤人，并向矿调度主任饶某某汇报了该情况。随后，饶某某到旁边会议室向正在开会的矿级领导进行了汇报。

8时33分，矿长侯某某、党委书记王某某等矿级领导到矿调度室了解相关情况并安排撤人。期间矿调度员胡某某一直轮流拨打211016运输巷范围内的4部电话，但均无人接听。

8时38分，许某某在1200运输平巷二部带式输送机中部刮板输送机机头打电话给王某某，汇报“1200运输平巷115号H架输送带往里着火了”。在采一区调度室的解某某接报后随即带着严某某、谭某某等下井抢险。8 时 40 分，杨某某向矿调度汇报，矿调度员将井下输送带着火的情况分别向侯某某等矿领导进行了汇报，侯某某安排全矿撤出井下作业人员。

事故造成 16 人死亡、3 人受伤，直接经济损失 4 233.82 万元。

(2) 事故原因分析

① 直接原因

1200 运输平巷第二部带式输送机段巷道严重变形，117 号 H 架处机架侧斜，卡紧的托辊与输送带支架、运行的输送带持续摩擦升温，高温的托辊点燃煤粉，引燃停止运行的非阻燃输送带产生大量一氧化碳等有毒有害气体，造成下风侧人员中毒死亡。

② 间接原因

a. 安全生产理念不牢，重生产轻安全。

b. 未深刻汲取事故教训，重蹈覆辙。

c. 入井材料使用管理混乱，非阻燃输送带入井。

d. 安全监控系统弄虚作假、监控失效。

e. 巷道变形严重，未开展巷道支护设计研究。

f. 应急处置不力，贻误救援，未按规定报告事故。

g. 安全教育培训不到位，职工安全意识差。

h. 隐患排查治理制度不落实，事故隐患长期存在。

i. 煤矿制度规定不合理，管理失控。

③ “三违”行为原因分析

a. 断面不能满足行人、运输条件，违章作业。

b. 入井前未开展输送带阻燃性能和抗静电试验，未建立强力输送带安全技术档案，未落实防范输送带着火措施，违章作业。

c. 着火输送带的下风侧未按照要求安装烟雾传感器，违章作业。

d. 巷道布置不合理，变形严重；矿压显现明显，失修巷道最小断面不足 2 m^2，违章作业。

e. 入井检身制度不严格，16 名遇难人员中，有 2 名人员饮酒后下井，有 3 名人员未携带识别卡，违章作业。

挑战答题

① 井下输送带可以采用不阻燃输送带。 （　）

② 输送带可以不安装温度传感器、烟雾传感器。 （　）

③ 输送带摩擦升温点燃煤粉，引燃停止运行的非阻燃输送带产生大量一氧化碳等有毒有害气体，是造成本次事故的直接原因。 （　）

（3）事故防范措施

①“三违”行为防范措施

a. 严禁在断面不满足行人、运输条件时违章作业。

b. 入井前必须开展输送带阻燃性能和抗静电试验，建立强力输送带安全技术档案，落实防范输送带着火措施。

c. 输送带下风侧必须按照要求安装烟雾传感器。

d. 巷道布置应合理。

e. 入井检身制度必须严格，严禁人员饮酒后下井，下井人员必须携带识别卡。

② 其他防范措施

a. 加强设备及其准入管理。

b. 加强安全监测监控系统管理，确保监控有效。

c. 强化煤矿应急处置培训。

d. 深刻汲取事故教训，持续抓好安全生产工作。

挑战答题

④ 严禁在断面不能满足行人、运输条件时违章作业。（　）

⑤ 输送带入井前没必要开展阻燃性能和抗静电试验。 （　）

⑥ 入井检身制度必须严格，严禁人员饮酒后下井，下井人员必须携带识别卡。 （　）

模块十五　冲击地压事故案例分析

【学习提示】

什么是冲击地压？为什么要进行冲击地压事故案例分析学习？冲击地压是煤矿开采过程中，井巷和采场周围煤、岩体在一定高应力条件下释放变形能而产生的煤岩体突然破坏、垮落或抛出现象，并伴有巨大声响和岩体震动，经常造成支架折损、片帮冒顶、巷道堵塞、人员伤亡，通风构筑物破坏，引起矿井通风系统紊乱，卷扫巷道积尘，一定条件下会引起煤尘爆炸，对安全生产威胁巨大。因此，我们必须强化冲击地压知识培训学习，吸取冲击地压事故教训，掌握冲击地压机理，加强现场顶板控制和巷道支护，避免冲击地压事故发生。

内蒙古自治区某煤矿“6·23”一般冲击地压事故

(1) 事故经过

2024 年 6 月 23 日 14 时 30 分，某煤矿综采队带班队长刘某军主持召开班前会安排了当班工作。16 时许人员陆续到达 172307 下综采工作面。17 时许后部刮板输送机开始放煤，18 时许采煤机组开机。18 时 14 分，工作面突然出现三声煤爆，并发生剧烈震动、煤尘飞扬。刘某军立即用应急呼叫系统询问作业人员安全情况，运输顺槽转载机操作人员高某汇报：“运输顺槽冒顶，无法通行”。经查点人数，设备巡检工路某保、调度室巡查人员谢某庆失联。

事故造成 2 人死亡，直接经济损失 290.32 万元。

(2) 事故原因分析

① 直接原因

事故发生地点存在隐伏逆断层，172307 下运输巷受上分层 172306 上工作面与 172305 上工作面之间遗留区段煤柱的剪切滑移与小型背斜构造共同作用，处于高应力状态，加之事故区域底板砂岩厚度变厚积聚能量，在开采扰动作用下，诱发底板断裂，释放弹性能，发生底板断裂型冲击地压，造成顶板冒落，导致事故发生。

② 间接原因

a. 事故隐患排查治理不到位。172307 下工作面回采过程中，运输巷底鼓现象时有发生，各级安全生产管理人员未对底鼓原因分析研判，并制定针对性治理措施，仅采用拉底的方式处理底鼓。

b. 煤矿隐蔽致灾因素普查不到位。2019 年煤矿鉴定为无冲击地压矿井后，未按照《国家矿山安全监察局关于全面开展煤矿隐蔽致灾因素普查治理工作的通知》(矿安〔2021〕121 号)和《国家矿山安全监察局关于加强煤矿隐蔽致灾因素普查治理工作的通知》(矿安〔2022〕132 号)要求对冲击地压隐蔽致灾因素局部应力集中区域进行普查。

c. 煤矿技术管理不到位。在工作面埋深超过 400 m 有冲击地压潜在风险的情况下，未按照《防治煤矿冲击地压细则》的要求布置采煤工作面、巷道和留设煤柱，造成局部应力集中，导致冲击地压发生。

③ "三违"行为原因分析

a. 172307 下运输巷事故点附近存在小型背斜构造和隐伏断层，造成该区域水平应力高，违章在该区域作业。

b. 有冲击地压预兆，违章指挥作业，没有停产撤人。

c. 底板砂岩在事故地点附近厚度达到 31.8 m 左右，具有冲击危险性，没有采取措施，违章作业。

挑战答题

① 上覆煤柱对下层工作面运输巷的应力影响，引发冲击地压事故发生。 (　　)

② 被鉴定为无冲击地压矿井后，无须再对冲击地压隐蔽致灾因素局部应力集中区域进行普查。 (　　)

③ 可以在冲击地压危险区域作业。 (　　)

(3) 事故防范措施

① “三违”行为防范措施

a. 172307 下运输巷事故点附近存在小型背斜构造和隐伏断层，造成该区域水平应力高，严禁在该区域未采取措施条件下作业。

b. 有冲击地压预兆，严禁违章指挥作业，必须停产撤人。

c. 底板砂岩在事故地点附近厚度达到 31.8 m 左右，具有冲击危险性，必须采取措施，严禁违章作业。

② 其他防范措施

a. 加强冲击地压管理。按照《防治煤矿冲击地压细则》规定，立即按照冲击地压矿井管理，聘请专业机构和科研院所进行冲击危险评价。建立健全防治冲击地压机构和防冲队伍，编制冲击地压事故应急预案，建立冲击地压防治安全技术管理制度、防治岗位安全责任制度、防治培训制度、事故报告制度等工作规范。

b. 加强煤矿技术管理工作。煤矿要加强地测技术管理，认真开展隐蔽致灾因素普查，严格组织致灾因素分析研判。在煤层、工作面采掘顺序，巷道布置、支护和煤柱留设，采煤工作面布置、支护、推进速度和停采线位置等设计中，应做到科学设计、认真验证、精心施工，避免局部应力集中，防止不合理开采导致冲击地压的发生。使用巷道顶板离层、围岩表面位移等在线监测技术提高顶板矿压的预测预报水平。

c. 扎实开展安全教育培训。强化从业人员相关支护理论、冲击地压发生机理及防范、施工操作技能等安全培训，加强对作业规程和操作规程的学习贯彻，提高从业人员辨识及防范风险的意识和能力，建立防冲人员培训制度，加强防冲人员的培训，提高矿井冲击地压防治的水平。

挑战答题

④ 在有冲击倾向性的地区必须采取措施后才可以作业。　　(　　)

⑤ 有冲击地压预兆，必须立即停产撤人。　　(　　)

⑥ 厚层砂岩较稳定，不会导致冲击地压事故。　　(　　)

模块十六　水灾事故案例分析

【学习提示】

什么是矿井水灾？为什么要进行水灾事故案例分析学习？矿井在建设和生产过程中，地面水和地下水通过各种通道涌入矿井，当矿井涌水超过矿井正常排水能力时，就会造成矿井水灾。矿井水灾(通常称为透水)，是煤矿常见的主要灾害之一。一旦发生透水，不但影响矿井正常生产，而且有时还会造成人员伤亡，淹没矿井和采区，危害十分严重。所以做好矿井防水工作，是保证矿井安全生产的重要内容之一。分析煤矿发生的水灾事故案例，可以教育警示我们在采掘活动接近老空、老巷、钻孔、构造及不明区域时，必须坚持“预测预报，有疑必探，先探后掘，先治后采”的原则，超前开展探放水，避免同类水灾事故的发生。

山东省某煤矿“6·1”较大水灾事故

(1) 事故经过

2024 年 6 月 1 日 7 时许，当班安监员田某庆发现迎头淋水变大，向安全监察中心汇报。8 时许，马某伟安排吕某兴联系北京探创资源科技股份有限公司到该迎头开展物探。马某伟 9 时下井，到现场发现迎头左侧顶板(面积约 1 m^2)有淋水，认为无透水危险，未向领导汇报。12 时许，地质测量部科员李某陪同物探公司工作人员李某和程某下井，14 时许完成物探。事故发生后提供的物探报告显示迎头正前方有低阻异常区。13 时，掘进一区中班值班副区长潘某前在地面召开中班班前会，安排 10 人(支部书记董某雷、稳车司机宫某见、带式输送机司机赵某训、班组长缪某委、瓦检员张某、运料工朱某信、支护工潘某雷、验收员王某海、爆破工李某、支护工代某安)到 11106 开切眼作业。当班安监员为顾某新。14 时，人员陆续下井。14 时 50 分左右，先后到达

11106 运输巷、11106 开切眼位置开始作业。缪某委、张某、潘某雷、代某安在迎头下 40 m 位置清理早班爆破后的煤矸，董某雷在 11106 运输巷及开切眼下口接排水管，王某海处理开切眼排水沟，赵某训、宫某见、朱某信 3 人在开切眼下出口操作稳车，用旱船(井下用于运输物料的船型运载工具)往开切眼上部运料，李某跟车，顾某新负责安全检查。16 时 30 分许，旱船运行到第一躲避硐时稳车停电，宫某见去 11106 运输巷石门配电点送电。16 时 50 分许，缪某委和顾某新发现迎头淋水发浑、开始掉矸，两人跑到第四躲避硐位置。16 时 55 分，顾某新向调度室电话汇报，迎头水量增大，水管被堵，底板淌水，要求撤人，调度员刘某同意。缪某委向潘某前电话汇报，请求撤人，潘某前同意并通知董某雷查看情况、组织撤人。经综合研判，17 时 07 分，突水事故发生，造成 8 人被困。17 时 15 分，董某雷井下汇报调度指挥中心调度员刘某，11106 开切眼下出口水位已达到腰部。事故发生时，11106 开切眼掘进工作面距 11105 运输巷斜距 4.75 m，垂向距积水底界面距离 3.1 m。11105 运输巷沿空留巷段采空区积水底界面标高－606.5 m。经专家组估算：积水高度约 4.8 m，积水面积约 3 089 m^2。事故发生后，经全力抢险救援，5 人生还，代某安、李某、王某海 3 人遇难，直接经济损失 708.58 万元。

(2) 事故原因分析

① 直接原因

未查清 11106 开切眼掘进工作面前上方的 11105 工作面采空区积水情况，迎头与采空区之间仅存的 4.75 m 煤岩柱受采动破坏、积水压力、爆破震动、裸孔放水等因素影响强度降低，老空积水溃入工作面；同时，有突水征兆未撤出受水害威胁区域的作业人员，导致 8 人被困，其中 3 人遇难。

② 间接原因

a. 未查清水文地质条件。地测部门认为没有老空水害风险，未对老空水害开展风险辨识，每月编制的地质预测预报均未预报 11105 采空区有积水。矿井每月开展风险研判和隐患排查未辨识出 11105 采空区水害风险并落实管控措施。集团公司技术指导不力，每月集中审查矿井风险辨识流于形式，未有效落实风险分级管控制度。

b. 未按规定采取探放水措施。采空区积水情况不清楚，未安排专业技术人员编制探放水设计；11106 开切眼掘进至距 11105 采空区 30 m 前，未采用物探、钻探两种方法超前探放水；掘进至距 11105 采空区 4.75 m 时，违规安排非专业人员使用锚杆钻机（非专用钻机）裸孔探放水。

c. 矿井违规冒险作业。5 月 30 日夜班 11106 开切眼开始出现突水征兆，矿井虽然已经停止迎头掘进，但未撤出所有受水患威胁地点的人员。5 月 31 日夜班至事故发生时，一边违规组织探放水，一边违规组织作业人员在工作面开切眼内冒险施工刷扩开切眼。

d. 矿井安全技术管理不到位。矿井未坚持“预测预报、有疑必探、先探后掘、先治后采”防治水原则，重新编制作业规程前，未结合现场实际重新编制地质说明书；作业规程和安全技术措施的编制、审批把关不严；11106 开切眼掘进距 11105 沿空留巷 20 m 处未执行巷道贯通有关规定。

e. 安全监督检查不到位。矿井安全监察部门监督检查落实安全生产法律、法规不到位，“预测预报、有疑必探、先探后掘、先治后采”防治水原则不落实，对现场安检员多次报告迎头淋水并出现透水征兆后仍没有督促停止作业并撤出人员。对市监管部门提出的有关水害防治方面的问题，没有举一反三督促整改落实。上级企业履行安全管理职责不力，未能指导督促矿井有效开展重大安全风险管控和重大灾害治理，未有效推动各级管理人员牢固树立依法依规安全意识。

f. 安全教育培训不到位。地测防治水专业技术人员专业素质不高，对水害风险认识不足。法治意识淡薄，违规探放水，冒险作业。应急处置能力不足，出现透水征兆后，各级管理人员没有高度重视，职工自主保安意识不足，没有立即做到停产撤人。

g. 安全监管不到位。市机构改革期间，煤矿安全监管职责弱化，职责划转和人员转隶没有同步进行。改革后到该煤矿检查 3 次，无行政处罚。驻矿安全监管员制度不落实，4 月 6 日至事故发生时，1 名驻矿安全监管员辞职后没有及时补充。

③ “三违”行为原因分析

a. 5 月 30 日夜班 11106 开切眼开始出现突水征兆，矿井虽然已经停止迎头掘进，但未撤出所有受水患威胁地点的人员，违章指挥。

b. 采空区积水情况不清楚，未安排专业技术人员编制探放水设计，违章作业。

c. 未坚持“预测预报、有疑必探、先探后掘、先治后采”防治水原则，违章作业。

d. 11106 开切眼掘进至距 11105 采空区 30 m 前，未采用物探、钻探两种方法超前探放水，违章作业。

e. 掘进至距 11105 采空区 4.75 m 时，违规安排非专业人员使用锚杆钻机(非专用钻机)裸孔探放水，违章作业。

挑战答题

① 未查清 11106 开切眼掘进工作面前上方的 11105 工作面采空区积水情况，是造成此次事故的直接原因。（　　）

② 迎头与采空区之间仅存的 4.75 m 煤岩柱受采动破坏、积水压力、爆破震动、裸孔放水等因素影响强度降低，老空积水溃入工作面，是造成此次事故的直接原因。（　　）

③ 有突水征兆未撤出受水害威胁区域的作业人员。（　　）

(3) 事故防范措施

① “三违”行为防范措施

a. 出现突水征兆必须停止作业，采取措施，撤出所有受水患威胁地点的人员。

b. 严禁在采空区积水情况不清楚时作业；安排专业技术人员编制探放水设计。

c. 坚持“预测预报、有疑必探、先探后掘、先治后采”防治水原则。

d. 采用物探、钻探两种方法超前探放水。

e. 安排专业人员使用锚杆钻机(专用钻机)探放水。

② 其他防范措施

a. 牢固树立安全发展理念。

b. 切实提高水害防治能力。

c. 常态化开展隐蔽致灾因素普查治理。

d. 强化风险管控和隐患排查治理。

e. 加强安全教育培训和应急处置。

f. 强化上级企业业务指导及监督管理。

g. 压紧压实属地监管责任。

挑战答题

④ 出现突水征兆必须停止作业,采取措施,撤出所有受水患威胁地点的人员。 (　　)

⑤ 煤矿企业应安排专业人员使用普通钻机(非专用钻机)探放水。 (　　)

⑥ 可采用物探、钻探两种方法超前探放水。 (　　)

模块十七　煤尘爆炸事故案例分析

【学习提示】

什么是煤尘爆炸？为什么要进行煤尘爆炸事故案例分析学习？煤是可燃性物质，如具有爆炸性的煤尘浮游在空气中且达到一定浓度、有足够点燃煤尘的热源就可发生煤尘爆炸。煤尘爆炸是煤矿井下重大灾害之一。煤尘爆炸产生的爆炸冲击波可以扬起巷道中沉积的煤尘，发生连续爆炸，甚至波及全矿井。煤尘爆炸时，爆温可达 2 300～2 500 ℃，火焰传播速度可达 1 120 m/s 以上，冲击波速度可达 2 340 m/s，破坏力极强。煤尘爆炸产生大量一氧化碳，其浓度可达 2%～3%，能使人员中毒身亡。分析煤尘爆炸事故案例，可以使我们得到警示教育，增强防范煤尘爆炸的安全意识，提高安全素质。

山东省某煤矿“8・20”煤尘爆炸较大事故

(1) 事故经过

2020 年 8 月 20 日 6 时 25 分，山东省某煤矿发生煤尘爆炸事故，造成 7 人死亡、9 人受伤，直接经济损失 1 493.68 万元。

事故发生在－1 020 m 水平 35003 综放工作面，35003 综放工作面采煤机截割过程中，滚筒截齿与中间巷金属支护材料（锚杆、锚索、钢带）机械摩擦产生火花，引燃截割中间巷松软煤体扬起的煤尘（悬浮尘）导致煤尘爆炸。

(2) 事故原因分析

① 直接原因

该矿 35003 综放工作面采煤机截割过程中，滚筒截齿与中间巷金属支护材料（锚杆、锚索、钢带）机械摩擦产生火花，引燃截割中间巷松软煤体扬起的煤尘（悬浮尘）导致煤尘爆炸。

② 间接原因

a. 该矿安全措施不落实。事故当班现场作业人员未按规程措施要求及时拆除巷道锚杆盘、钢带和锚索索具,也未及时拆除缠绕在采煤机滚筒上的锚索,滚筒带动缠绕的锚索旋转导致扬尘增加并产生火花。

b. 该矿综合防尘措施落实不到位。未严格落实综合防尘措施,采煤机内喷雾堵塞未及时处理,推采过程中支架间喷雾、放顶煤喷雾未正常使用。未按设计进行煤层注水。

c. 该矿防范化解风险隐患不到位。该矿虽然辨识出工作面过中间巷煤尘爆炸风险,但管控措施针对性不强,没有对中间巷巷口因压力变化底煤变软的危害进行分析、评估,没有及时拆除中间巷两帮的托盘、钢带、金属网等支护材料,也未将综合防尘类隐患作为排查重点。

d. 该矿安全管理不到位。35003 综放工作面揭露中间巷后,未考虑中间巷带来的影响因素,未及时修改作业规程,未对通风、防尘等相关内容进行补充完善。现场作业人员及安全管理人员对煤尘爆炸的危险性认识不足,对现场采煤机割煤时产生火花问题长期不重视。

e. 安全教育培训不到位。采煤机司机配备数量不足,事故当班人员均无采煤机特种作业操作证。对全员培训考核不合格的井下个别采煤作业人员未进行再培训,现场作业人员及安全管理人员对煤尘爆炸的危险性认识不足,对现场采煤机割煤时产生火花问题长期不重视。

f. 集团公司对该矿现场管理、技术管理、安全监督管理、安全教育培训、安全风险管控、隐患排查治理不到位及生产组织不合理等问题失察。

③ “三违”行为原因分析

a. 采煤机截割过程中,滚筒截齿与中间巷金属支护材料(锚杆、锚索、钢带)机械摩擦产生火花,违章作业。

b. 事故当班现场作业人员未按规程措施要求及时拆除巷道锚杆盘、钢带和锚索索具,也未及时拆除缠绕在采煤机滚筒上的锚索,违章作业。

c. 未严格落实综合防尘措施,采煤机内喷雾堵塞未及时处理,推采过程中支架间喷雾、放顶煤喷雾未正常使用,违章作业。

d. 事故当班人员均无采煤机特种作业操作证，违章作业。

挑战答题

① 采煤机截割过程中，滚筒截齿与中间巷金属支护材料（锚杆、锚索、钢带）机械摩擦产生火花，引燃截割中间巷松软煤体扬起的煤尘（悬浮尘）导致煤尘爆炸，是本起事故的直接原因。（　　）

② 该矿能够严格落实综合防尘措施，各种设备喷雾都能正常使用。（　　）

③ 现场作业人员及安全管理人员对煤尘爆炸的危险性认识不足，对现场采煤机割煤时产生火花问题长期不重视。（　　）

(3) 事故防范措施

① "三违"行为防范措施

a. 采煤机截割过程中，滚筒截齿严禁截割巷道锚杆盘、钢带和锚索索具等支护材料，严禁违章作业。

b. 过老巷时，现场作业人员必须按规程措施要求及时拆除巷道锚杆盘、钢带和锚索索具，也必须及时拆除缠绕在采煤机滚筒上的锚索，严禁违章作业。

c. 必须严格落实综合防尘措施，采煤机内喷雾堵塞必须及时处理，推采过程中支架间喷雾、放顶煤喷雾必须正常使用，严禁违章作业。

d. 特种作业人员必须进行专门安全培训，经培训合格后持操作证上岗，严禁无证上岗。

② 其他防范措施

a. 加强安全管理。必须树立法治思维，坚守法治底线，依法办矿，依法管矿。

b. 加强煤尘防治工作。严格落实综合防尘、预防和隔绝煤尘爆炸等措施及管理制度，加强防尘降尘设备的检查维护，确保喷雾降尘运行正常，防止粉尘超标和爆炸。

c. 加强通风管理。完善通风系统及设施，提高通风设施可靠性，确保通风系统稳定；局部通风机供电要实现"三专两闭锁"和"双风机、双电源”。

d. 坚持强基固本，加强安全教育培训工作。认真做好全员培训工作，强化全员安全培训质量和效果，确保从业人员具备必要的岗位知识和专业技能，严禁未经培训或者培训不合格人员下井作业，认真开展特种作业人员持证情况大排查，确保所有特种作业人员持证上岗。

e. 全力保障安全投入，坚决实现智能化开采。切实转变观念，树立“无人则安、少人则安”的理念，加大安全投入，坚定不移地实施装备技术升级，提高设备可靠性、完好性，按设计要求实施智能化开采。

挑战答题

④ 过老巷时，现场作业人员必须按规程措施要求及时拆除巷道锚杆盘、钢带和锚索索具。（ ）

⑤ 采煤机滚筒截齿截割巷道锚杆盘、钢带和锚索索具等支护材料不是违章作业。（ ）

⑥ 加强防尘降尘设备的检查维护，确保喷雾降尘运行正常，防止粉尘超标和爆炸。（ ）

模块十八　机电事故案例分析

【学习提示】

什么是机电事故？为什么要进行机电事故案例分析学习？煤矿机电事故是指由于机电设备出现问题造成人员伤亡、设备损失的事故，包括运输设备在安装、检修、调试过程中发生的事故。当发生煤矿机电事故时，可能造成严重的系统性故障，引发企业停工停产，对企业造成严重的经济损失。机电事故的发生还有可能造成煤矿系统瘫痪，生产系统需要全面进行更换，不仅增大煤矿企业的成本，还可能造成严重的负面影响，最终影响企业的形象。煤矿机电事故产生的危害较大，影响的范围较广，带来较为严重的后果，因此必须高度重视，加强煤矿机电事故分析学习，以保证生产安全。

内蒙古自治区某煤矿“5·14”一般机电事故

(1) 事故经过

2024 年 5 月 14 日 6 时 40 分，综掘队队长组织召开早班班前会，早班跟班副队长黄某安排电工李某付、检修工尤某江在 502 运输巷安装调试带式输送机。14 时 04 分安装调试带式输送机过程中，黄某负责在带式输送机机头整理堆煤保护、线缆等工作，李某付负责带式输送机开关启停，尤某江负责传递信号。第一次点动带式输送机发现不运行，黄某下达第二次点动带式输送机指令。14 时 07 分许，李某付接到尤某江信号后第二次点动带式输送机，黄某在观察寻找输送带拉不动原因时接近减速器，衣物被高速旋转的减速器二轴键槽卷住，其腹部被卷在二轴上。尤某江听到身后有声响，随后发现黄某仰面倒在带式输送机减速器下方，头向机头，脚向机尾，腰部衣服破损，小腹裸露有血迹，至此事故发生。

事故造成1人死亡，直接经济损失217.56万元。

(2) 事故原因分析

① 直接原因

带班副队长黄某违章接近高速旋转的带式输送机减速器二轴，衣服被卷住导致其腹部受伤致死，造成事故发生。

② 间接原因

a. 机电设备安全管理不到位。

b. 现场管理人员安全意识淡薄。

c. 现场安全监督检查不到位。

d. 安全教育培训不到位。

③ "三违"行为原因分析

a. 第一次点动带式输送机发现不运行，黄某下达第二次点动带式输送机指令，违章指挥。

b. 当班安全检查人员发现带式输送机减速器二轴未安装防护罩后，未监督落实整改措施，违章作业。

c. 带班副队长黄某违章接近高速旋转的带式输送机减速器二轴，衣服被卷住导致其腹部受伤致死，违章作业。

挑战答题

① 带班副队长黄某违章接近高速旋转的带式输送机减速器二轴，是本起事故的直接原因。 (　　)

② 第一次点动带式输送机发现不运行，黄某下达第二次点动带式输送机指令，违章指挥。 (　　)

③ 502运输巷带式输送机在安装调试过程中，安全防护设施安装滞后，裸露在外的减速器二轴未及时安装防护罩，属于直接原因。 (　　)

(3) 事故防范措施

① "三违"行为防范措施

a. 第一次点动带式输送机发现不运行，严禁下达第二次点动带式输送机指令，应先认真检查处理。

b. 当班安全检查人员发现带式输送机减速器二轴未安装防护罩后，应及时监督并落实整改措施。

c. 严禁任何人员接近高速旋转的带式输送机减速器。

② 其他防范措施

a. 压实煤矿安全生产主体责任。

b. 加强机电设备安全管理。

c. 加大人员不安全行为管控力度。

d. 扎实开展安全教育培训。

挑战答题

④ 第一次点动带式输送机发现不运行，严禁下达第二次点动带式输送机指令。（　）

⑤ 当班安全检查人员发现带式输送机减速器二轴未安装防护罩后，虽未监督落实整改措施，但不用承担责任。（　）

⑥ 在检修的情况下可以接近高速旋转的带式输送机减速器二轴。（　）

云南省某煤矿“8·7”一般机电事故

(1) 事故经过

2024 年 8 月 7 日早班，当班井下作业人员 84 人，主要开展 1910 综采工作面调架、1910 机运巷改扩、1910 回风巷卧底等工作，带班矿领导为地测副总工程师蒋某彦，党总支副书记、工会主席王某双按照集团内部规定入井跟班。其中，综采队早班 17 人入井，8 时 50 分左右到达工作面后，跟班副队长聂某堂进行了现场分工，安排史某荣（班长）、起某富、杨某志 3 人对 16# ～30# 支架前部的单体液压支柱进行前移，胥某江、叶某祥等 5 人在 1910 综采工作面刮板输送机机头处卧底，安排副队长兼技术员李某应（遇难者）到 1910 综采工作面机运巷顺槽开刮板输送机。李某应未接受工作安排，主动到 18# 液压支架处指挥工人作业。9时左右，王某双、蒋某彦一起到达1910综采工作面开展安全巡查、检查，并向李某应了解当班作业任务及工作量。9时10分，史某荣、起某富、杨某志到18#液压支架前部挪移单体液压支柱，在移动单体液压支柱后，18#液压支架伸缩梁前部出现了漏顶，李某应叫来有经验的胥某江和叶某祥帮助支护顶板。9时46分许，顶板支护完后，李某应发现18#液压支架护帮板与工作面单体液压支柱间卡有一块矸石(长0.4 m、宽0.3 m、厚0.2 m)，便站在夹角处用十字镐处理矸石，矸石掉落，18#液压支架护帮板自动向前抬起，将李某应头部挤在护帮板与前方的单体液压支柱之间，导致事故发生。

事故造成1人遇难，直接经济损失260.02万元。

(2) 事故原因分析

① 直接原因

作业人员站在综采液压支架护帮板与单体液压支柱之间，违章处理冒落在护帮板前的矸石，矸石掉落后护帮板自动向前弹起，挤压作业人员头部导致事故发生。

② 间接原因

a. 风险管控有漏洞。煤矿开展1910综采工作面调架作业风险研判不全面，未辨识出护帮板挤压伤人的安全风险；安全管控不到位，事故地点片帮漏顶问题突出。

b. 技术管理有不足。《1910综采工作面调架技术方案》编制内容不全面，未针对支架钻底制定措施，未明确调架作业处理活矸危岩的方法，作业人员均不掌握调架工作要领，作业过程中多次出现调完又倒等情况。

c. 安全培训不到位。煤矿未建立安全管理人员教育培训制度，对新装备操作使用培训不到位，煤矿首次使用大采高综采液压支架，未加强作业人员实操培训，综采液压支架管理不到位，支架在静止状态下操作阀手柄未打至“零”位。

d. 安全生产管理人员配备不足。该煤矿任命的安全、地测、采掘副总工程师均由相关科室负责人兼任。

e. 上级公司安全管理不到位。2名驻矿安监员由本矿安全生产管理人员兼任，不能履行驻矿安全监管职责。

③“三违”行为原因分析

a. 煤矿反“三违”不力，技术管理人员带头违章作业。

b. 当班队干，跟班、带班矿领导安全巡查检查不严不细，未及时发现并制止违章作业行为。

c. 针对支架钻底制定措施，未明确调架作业处理活矸危岩的方法，作业人员均不掌握调架工作要领，作业过程中多次出现调完又倒等情况，违章作业。

d. 李某应发现 18# 液压支架护帮板与工作面单体液压支柱间卡有一块矸石（长 0.4 m、宽 0.3 m、厚 0.2 m），便站在夹角处用十字镐处理矸石，矸石掉落，18# 液压支架护帮板自动向前抬起，违章作业。

挑战答题

① 作业人员站在综采液压支架护帮板与单体液压支柱之间，违章处理冒落在护帮板前的矸石，矸石掉落后护帮板自动向前弹起，挤压作业人员头部导致事故发生，是本起事故的间接原因。（　　）

② 煤矿开展 1910 综采工作面调架作业风险研判不全面，未辨识出护帮板挤压伤人的安全风险；安全管控不到位，事故地点片帮漏顶问题突出。（　　）

③ 安全、地测、采掘副总工程师可由相关科室负责人兼任。（　　）

（3）事故防范措施

①“三违”行为防范措施

a. 煤矿加强反“三违”，技术管理人员不违章作业。

b. 当班队干，跟班、带班矿领导安全巡查检查要严要细，应及时发现并制止违章作业行为。

c. 针对支架钻底制定措施，明确调架作业处理活矸危岩的方法，作业人员均应掌握调架工作要领，作业过程中不出现调完又倒等情况。

d. 工人应该按照作业规程进行作业。

② 其他防范措施

a. 深刻吸取教训，切实加强安全管理，加强职工安全教育培训和新工艺、新技术、新装备操作技能培训，教育职工遵守安全规章制度，熟练掌握岗位安全操作技能，不断提高职工素质和安全意识，增强职工自保和互保能力。

b. 严格落实安全生产责任制，做到每项工作都有责任人负责监督管理，形成从上到下层层负责的模式，消除安全管理上的漏洞。要配齐配强安全生产管理人员，相关科室负责人不得兼任安全、地测、采掘副总工程师；要加强驻矿安全监管，驻矿安监员不得由本矿职工兼任，切实履行职责、发挥作用。

c. 加强煤矿安全技术管理，开展“三软”煤层顶板管理技术攻关，综采工作面过断层、过地质构造带时要加强现场指导。

挑战答题

④ 煤矿加强反“三违”，技术管理人员不违章作业。 （ ）

⑤ 当班队干，跟班、带班矿领导安全巡查检查要严要细，应及时发现并制止违章作业行为。 （ ）

⑥ 工人应按照作业规程进行作业。 （ ）

模块十九　运输事故案例分析

【学习提示】

什么是运输事故？为什么要进行运输事故案例分析学习？运输事故是指运输设备(设施)在运行过程中发生的事故。矿井运输系统线路长、涉及面广，贯穿于煤矿生产的各个环节，分析矿井运输事故产生的原因，对于吸取事故教训，开展有针对性的隐患排查治理，促进煤矿企业提高安全管理水平，建立隐患排查治理长效机制，稳定煤矿安全生产，构建安全和谐的社会生活环境具有十分重要的意义。因此，通过学习运输事故案例，可以帮助我们增强运输安全意识，提高运输系统的安全性和可靠性。

内蒙古自治区某煤矿“7·7”运输事故

(1) 事故经过

2024 年 7 月 7 日 6 时 20 分，某项目部 2913 队队长朱某主持召开班前会，安排支护工龙某、石某林、铲车司机勾某羽从 110902 运输顺槽停掘工作面向 11 采区泄水巷倒运支护材料；机运队队长范某军主持召开班前会，安排黄某波驾驶 3 号车负责为矿通防队向泄水巷运送构筑通风设施所需材料，张某驾驶 4 号车负责为 2913 队向泄水巷运送物料。4 号车于 8 时 15 分许入井，3 号车在地面装车后于 10 时 49 分许入井。11 时 59 分许，3 号车到达泄水巷口，将车辆横向停在 11 采区带式输送机上山与 11 采区泄水巷交岔口处，矿通防队人员开始卸车，将物料堆放于该交岔口；12 时 10 分许，张某反向驾驶 4 号车运送当班第 4 车支护材料沿 11 采区带式输送机上山下行至 11 采区带式输送机上山与泄水巷交岔口处，被正在卸载物料的 3 号车阻挡，随即张某将 4 号车停在 3 号车上方

约 3.4 m 处，支护工龙某和石某林开始将钢筋网片卸至交岔口附

近。13 时 35 分,张某看到 3 号车完成卸料,准备驾驶 4 号车向上山方向行驶,为 3 号车让出调车所需空间。张某收起阻车器后,在未鸣笛示警并检查挡位的情况下,启动处于后退挡位车辆,4 号车瞬间反向下行撞向 3 号车副驾驶侧,将在两车之间卸网片的石某林挤伤。

事故造成 1 人死亡,直接经济损失 173.56 万元。

(2) 事故原因分析

① 直接原因

驾驶员张某在未进行安全提醒、未确认车辆周围环境安全、未鸣笛、未确认挡位处在空挡的情况下启动车辆,车辆突然后退,将正在两车之间作业的石某林挤伤,导致事故发生。

② 间接原因

a. 现场安全管理不到位。安全管理人员对操作规程、安全管理制度现场落实情况监督检查不力,对现场存在的违章行为未及时有效制止。对违规停车、半坡装卸物料等习惯性违章行为未能及时采取有效措施予以纠正制止。

b. 某项目部内部管理混乱。安全管理人员履职不到位,岗位职责不清;安全管理制度落实不到位,施工组织混乱,车辆调度管理无序;日常安全培训教育不到位,职工自保互保意识差。

c. 该煤矿安全生产主体责任落实不到位。对项目部安全机构设置、人员培训、安全生产监督管理不到位等问题监管不力,对项目部的日常监督检查及安全考核不到位。

③ "三违"行为原因分析

a. 驾驶员张某在未进行安全提醒、未确认车辆周围环境安全、未鸣笛、未确认挡位处在空挡的情况下启动车辆,违章作业。

b. 事故现场存在煤矿通防队砌筑风门和项目部掘进队运输支护材料、调试刮板输送机三项工作交叉作业,未安排专人对交叉作业统一协调指挥,违章作业。

c. 4 号车司机违反煤矿井下无轨胶轮车运输安全管理规定,违规在坡道上驻车卸载物料且停车安全距离不足,违章作业。

d. 3 号车违规横停在 11 采区带式输送机上山内,影响其他车辆正常通行，现场作业人员未及时识别出违规作业可能出现的安全风险，违章作业。

挑战答题

① 驾驶员张某在未进行安全提醒、未确认车辆周围环境安全、未鸣笛、未确认挡位处在空挡的情况下启动车辆，车辆突然后退，将正在两车之间作业的石某林挤伤，是事故发生的直接原因。（　　）

② 事故现场存在煤矿通防队砌筑风门和项目部掘进队运输支护材料、调试刮板输送机三项工作交叉作业，未安排专人对交叉作业统一协调指挥。（　　）

③ 4 号车司机违反煤矿井下无轨胶轮车运输安全管理规定，违规在坡道上驻车卸载物料且停车安全距离不足。（　　）

(3) 事故防范措施

① “三违”行为防范措施

a. 严禁在未进行安全提醒、未确认车辆周围环境安全、未鸣笛、未确认挡位的情况下启动车辆。

b. 严禁在未安排专人对交叉作业统一协调指挥时作业。

c. 严禁在坡道上驻车卸载物料，停车安全距离不足严禁卸料。

d. 严禁在井下违规停车，以免影响其他车辆正常通行，现场作业人员及时识别出违规作业可能出现的安全风险。

② 其他防范措施

a. 全面加强运输安全管理。进一步健全车辆运输管理制度，切实加强井下、地面车辆管理，重点围绕车辆完好、岗位操作规范、规程措施等方面，常态化开展自查自纠整改工作。认真排查车辆设计缺陷，全面消除车辆视觉盲区和操作缺陷等问题，严禁车辆带病运行。加强车辆运输路线管理，完善安全避险、失速保护、信号指示灯等安全设施。加强员工行为规范管理，严格执行“行人不行车，行车不行人”的规定。

b. 强化现场作业安全管理。严格落实安全管理人员岗位责任，提高现场安全管理能力，加强对重点作业区域、关键环节的检查巡视力度，严肃查处“三违”作业，持续规范井下从业人员现场作业行为。制定并完善煤矿交叉作业管理制度，实施领导干部到岗到位、专人指挥、视频远程监控等现场安全管控措施。全面排查安全监管盲区，筑牢现场安全防线。

c. 加强承包单位安全管理。加强承包单位日常监管，加大承包单位风险辨识管控、隐患排查整改、安全教育培训、不安全行为查处、安全措施落实检查力度，严格落实承包单位安全考核，确保承包单位入场到竣工全过程安全管理受控。

d. 加强安全教育培训。落实安全教育培训主体责任，扎实开展煤矿全员安全教育培训，切实将承包单位培训纳入一体化管理，系统开展应知应会、操作技能、应急处置、规程措施等培训，增强从业人员风险辨识能力，强化风险分级管控措施，不断提升从业人员安全意识和自保、互保、联保意识。

挑战答题

④ 交叉作业时可以不安排专人统一协调指挥。（　　）

⑤ 煤矿井下要严格执行“行人不行车，行车不行人”的规定。（　　）

⑥ 承包单位人员的培训工作由承包单位自行承担，不需要纳入本矿一体化管理。（　　）

参考答案

模块一

一、判断题

1-5　×√×√×　6-10　×√×√×

二、单选题

1-5　CBACA　6-10　CBCCA

三、多选题

1. ABD　2. BCD　3. ACD　4. AC　5. ABCD
6. ABCD　7. ABD　8. BC　9. ABCD　10. BC

模块二

一、判断题

1-5　×√√√×　6-10　××√×√

二、单选题

1-5　BCCBB　6-10　ACBBA

三、多选题

1. ABCD　2. ABCD　3. ABC　4. ACD　5. BCD

6. BC　7. ABC　8. ACD　9. ABC　10. AC

模　块　三

一、判断题

1-5　×××√√　6-10　×√×√√

二、单选题

1-5　ABCCA　6-10　BAABB

三、多选题

1. ABCD　2. ABD　3. AB　4. BD　5. ABCD
6. ABCD　7. ACD　8. ABD　9. ACD　10. CD

模　块　四

一、判断题

1-5　×√×√√　6-10　×××√√

二、单选题

1-5　CBCBA　6-10　CBACB

三、多选题

1. AC　2. BCD　3. ABCD　4. ABCD　5. BCD
6. ABCD　7. ABD　8. ABC　9. BC　10. ABD

模块五

一、判断题

1-5 ×√×√√ 6-10 ×√××√

二、单选题

1-5 BCABB 6-10 CBCBA

三、多选题

1. ABCD	2. ABC	3. ABCD	4. AD	5. BCD
6. ABCD	7. ABD	8. ABCD	9. ABD	10. CD

模块六

一、判断题

1-5 √×√×√ 6-10 ×√√××

二、单选题

1-5 BABAB 6-10 CCBCA

三、多选题

1. ABCD	2. ACD	3. BCD	4. ABC	5. AB
6. ABCD	7. BCD	8. AC	9. ABD	10. ABCD

模　块　七

一、判断题

1-5　×√×√×　6-10　√×√×√

二、单选题

1-5　ABACA　6-10　BACBA

三、多选题

1. BCD　2. ABCD　3. AC　4. ABD　5. BCD
6. ABCD　7. ACD　8. BD　9. BC　10. AC

模　块　八

一、判断题

1-5　√×√×√　6-10　×√×√√

二、单选题

1-5　ABBCA　6-10　BCBAC

三、多选题

1. ABCD　2. BC　3. ABD　4. ABCD　5. ABC
6. BD　7. BCD　8. ABC　9. AC　10. ABCD

模 块 九

一、判断题

1-5 √×√×√ 6-10 ×√√√√

二、单选题

1-5 CABBC 6-10 BCACC

三、多选题

1. ABCD 2. BD 3. ABD 4. ABCD 5. ABD
6. BCD 7. ABD 8. BCD 9. ABC 10. BCD

模 块 十

一、判断题

1-5 √×√×√ 6-10 ×√×√√

二、单选题

1-5 CCABB 6-10 CBABC

三、多选题

1. ABCD 2. BCD 3. ABC 4. ABCD 5. AD
6. ABC 7. BCD 8. ACD 9. ABC 10. BCD

模块十一

一、判断题

1-5 √×√×√ 6-10 ×√√√√

二、单选题

1-5 ACBCA 6-10 ACBAC

三、多选题

1. AC 2. BC 3. ABCD 4. AD 5. BD
6. BCD 7. ABD 8. ACD 9. ABCD 10. BD

模块十二

××√√××

模块十三

√√√×√√

模块十四

××√√×√

模块十五

√××√√×

模块十六

√√√√×√

模块十七

√×√√×√

模块十八

√√×√××

×√×√√√

模块十九

√√√×√×

参 考 文 献

[1] 卜素.《中华人民共和国安全生产法》专家解读[M]. 徐州:中国矿业大学出版社,2021.

[2] 黄学志,王洪权,时国庆,等.《煤矿防灭火细则》专家解读[M]. 徐州:中国矿业大学出版社,2021.

[3] 国家矿山安全监察局.《煤矿安全生产标准化管理体系基本要求及评分方法》考核手册[M]. 北京:应急管理出版社,2024.

[4] 刘志明. 煤矿新员工安全培训教材[M]. 2023 年新版. 徐州:中国矿业大学出版社,2022.

[5] 孙广建,张长合,魏永建. 煤矿从业人员安全再培训教材:"七新"知识与必知必会必禁知识问答[M]. 徐州:中国矿业大学出版社,2023.

[6] 王平炎,王山,马胜银. 煤矿从业人员安全培训教材:从业实用安全知识及现场应急技能问答[M]. 徐州:中国矿业大学出版社,2023.

[7] 袁河津.《煤矿安全规程》专家解读:井工煤矿[M]. 2022 年修订版. 徐州:中国矿业大学出版社,2022.

[8] 中华人民共和国应急管理部,国家矿山安全监察局. 煤矿安全规程:2022[M]. 北京:应急管理出版社,2022.

附录　井下常用标志及设置地点

井下常用禁止标志及设置地点

名称	符号	设置地点	名称	符号	设置地点
禁带烟火		煤矿井口及井下	禁止入内		井下封闭区、瓦斯区、盲巷、废弃巷道及禁止人员入内的地点
禁止酒后入井		人员出入的井口	禁止停车		井下禁止停放车辆的地段
禁止明火作业		禁止明火作业地点	禁止驶入		线路终点和禁止机车驶入地段
禁止启动		不允许启动的机电设备	禁止通行		井下危险区、爆破警戒处、不兼作行人的绞车道、材料道及禁止行人的通道口等
禁止送电		变电室、移动电源开关停电检修等	禁止穿化纤服装入井		人员出入的井口

续表

名称	符号	设置地点	名称	符号	设置地点
禁止扒乘矿车		井下运输大巷交叉口、乘车场、扒车事故多发地段	禁止放明炮、糊炮		井下采掘爆破工作面
禁止扒、登、跳人车		井下巷道，每隔50 m设一个	禁止井下睡觉		井下各工序岗位和作业区
禁止登钩		串车提升斜井上下口	禁止同时打开两道风门		井下巷道风门处
禁止跨、乘输送带		链板、带式输送机、钢丝绳牵引运输不许跨越的地方，间隔30 m设置	禁止井下随意拆卸矿灯		入井口、井下工作面
禁止井下攀牵线缆		井下敷有电缆、信号线等巷道内			

井下常用警告标志及设置地点

名称	符号	设置地点	名称	符号	设置地点
注意安全		提醒人们注意安全的场所及设备安置的地方	当心坠入溜井		井下溜煤眼、溜矿井、溜矿仓
当心瓦斯		井下瓦斯积聚地段、盲巷口、瓦斯抽放地点、巷道冒高处	当心发生冲击地压		井下有冲击地压的作业区域
当心冒顶		井下冒顶危险区、巷道维修地段	当心片帮滑坡		井下有片帮、滑坡危险地段
当心火灾		井下仓库、爆炸材料库、油库、带式输送机、充电室和有发火预兆的地点	当心矿车行驶		井下行人巷道与运输巷道交叉处、井下兼行人的倾斜运输巷道内
当心水灾		井下有透水或水患地点	当心绊倒		井下地面有障碍物，绊倒易造成伤害的地方

续表

名称	符号	设置地点	名称	符号	设置地点
当心煤(岩)与瓦斯突出		井下煤(岩)与瓦斯突出危险作业区	当心滑跌		井下巷道有易造成伤害的滑跌地点
当心有害气体中毒		井下 CH_4、CO、H_2S、NO_x 等有害气体危险地点	当心交叉道口		井下巷道交叉口处
当心爆炸		爆炸材料库，运送炸药、雷管的容器和设备上	当心弯道		井下巷道拐弯处
当心触电		有触电危险部位	当心道路变窄(左、右、正向)		井下巷道前方变窄的地段
当心坠落		建井施工、井筒维修及井内高空作业处			

井下常用指令标志及设置地点

名称	符号	设置地点	名称	符号	设置地点
必须戴安全帽		人员出入井口、更衣房、矿灯房等醒目地方	必须桥上通过		井下设有人行桥的地方
必须携带自救器		入井口处、更衣室、领自救器房等醒目地方	必须走人行道		井下人行道两端
必须携带矿灯		入井口处、更衣室、矿灯房等醒目地方	鸣笛		井下机车通过巷道交叉口处、道岔口和弯道前 20～30 m鸣笛处
必须穿带绝缘保护用品		井下变配电所（硐室）	必须加锁		剧毒品、危险品库房等地点

续表

名称	符号	设置地点	名称	符号	设置地点
必须系安全带		建井施工处、井筒检修地点	必须持证上岗		井口、配电室、炸药库等必须出示上岗证的地点
必须戴防尘口罩		井下打眼施工、炮烟区			

井下常用路标、名牌、提示标志及设置地点

名称	符号	设置地点	名称	符号	设置地点
紧急出口（左、右向）		设在井下采区安全出口路线上(间隔 100 m)和改变方向处	运输巷道		井下运输巷道
电话		井下通往电话的通道上	指示牌		根据需要自行设置
躲避硐		井下通往躲避硐室的通道及躲避硐室入口处	路标		自行设置
急救站		井下通往急救站通道上	避火灾、瓦斯爆炸路线		井下躲避火灾、瓦斯、煤尘爆炸的通道上
爆破警戒线		井下爆破警戒线处	避水灾路线		井下躲避水灾的通道上

续表

名称	符号	设置地点	名称	符号	设置地点
危险区		井下火灾、瓦斯、水患等危险区附近	避有毒有害气体路线		井下躲避有毒有害气体路线的通道上
沉陷区		井下地表沉陷滑落区	永久密闭	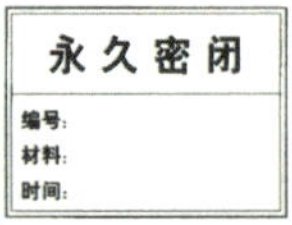	井下废巷、盲巷入口处
前方慢行		井下风门、交叉道口、弯道、车场、翻罐等须减速慢行地点	测风牌		井下掘进、采煤工作面等处
进风巷道		井下进风巷道	炮检牌	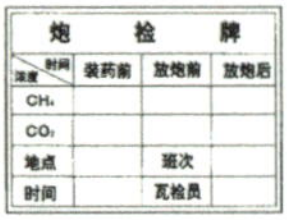	井下采、掘工作面等要求设置的地点
回风巷道		井下回风巷道	瓦斯巡检牌		采、掘工作面等要求设置的地点